Erd- AI-46

D1697742

ssip

Sozialwissenschaftlicher Studienkreis
für internationale Probleme e.V.

Geschäftsstelle: c/o Institut für Entwicklungsforschung,
Wirtschafts- und Sozialplanung GmbH (isoplan)
Schlesienring 2, D-6600 Saarbrücken
Telefon (0681) 813051, Telex 4421441 ispl d

Eckart Ehlers
Manfred Werth
(Herausgeber)

Länderkunde als wissenschaftliche Aufgabe

Nr. 59

ssip bulletin

Verlag **breitenbach** Publishers
Saarbrücken · Fort Lauderdale 1990

ssip bulletin (ISSN 0724-3901)

Herausgegeben für den
Sozialwissenschaftlichen Studienkreis für
internationale Probleme (SSIP) e.V.

Edited on behalf of the
Society for the Study of International Problems

von/by

Dr. Dieter Danckwortt, Bonn
Dr. Manfred Werth, Saarbrücken

CIP-Titelaufnahme der Deutschen Bibliothek

Länderkunde als wissenschaftliche Aufgabe / Eckart
Ehlers; Manfred Werth (Hrsg.). – Saarbrücken; Fort Lauderdale: Breitenbach, 1990.

(SSIP-Bulletin; 59)
ISBN 3-88156-484-5

NE: Ehlers, Eckart [Hrsg.]; Sozialwissenschaftlicher Studienkreis für Internationale Probleme: SSIP-Bulletin

ISBN 3-88156-484-5

© 1990 by Verlag **breitenbach** Publishers
Memeler Straße 50, D-6600 Saarbrücken, Germany
P.O.B., 16243 Fort Lauderdale, Fla. 33318-6243, USA
Printed by arco-Druck GmbH, Hallstadt

INHALTSVERZEICHNIS

V O R W O R T

Was ist "Länderkunde"? Was kann, soll oder gar muß sie leisten? Länderkunde - ursprünglich ein wissenschaftlicher Begriff und eine wissenschaftliche Aufgabenstellung - ist längst zu einem informatorischen All-
gemeinbedürfnis gworden, das durch Medien, insbesondere durch Presse,
Funk und Fernsehen, einer breiten Öffentlichkeit täglich und von nahezu
jedem Punkt der Erde aktuell ins Haus geliefert wird.

Es unterliegt keinem Zweifel, daß die Länderkunde als wissenschaftliche
(Teil-) Disziplin ursprünglich in der Geographie angesiedelt war und es
dort auch noch ist. Es ist ebenso zweifelsfrei, daß sich inzwischen andere Fächer der Geistes- und Sozialwissenschaften dieses Begriffes angenom-
men haben und er sogar umgangssprachlich verwendet wird. Vor diesem Hintergrund ist dem Institut für Entwicklungsforschung, Wirtschafts- und Sozialplanung GmbH (ISOPLAN), Saarbrücken, zu danken, daß es die Initiati-
ve ergriffen hat, Wissenschaftler und Praktiker der "Länderkunde" zu einem interdisziplinären Rundgespräch zu laden. Dieses Gespräch über Sinn,
Inhalt und Aufgaben "wissenschaftlicher" Länderkunde heute fand am
22. - 23.06.1989 in den Räumen der "Deutschen Stiftung für internationale
Entwicklung" in Bonn statt. Der Unterzeichnende wurde mit der Zusammenstellung der Beiträge und ihrer Druckvorbereitung beauftragt.

Der vorliegende Band ist das Ergebnis des Rundgesprächs, ergänzt durch
einige Beiträge von Fachdisziplinen, die nicht vertreten waren. Es ist
selbstverständlich, daß die hier publizierten Thesen nicht das "offizielle" Länderkunde-Verständnis der einzelnen Fächer, sondern primär das der
Autoren repräsentieren. Dennoch wird deutlich, wie variabel und schil-
lernd, ja: wie widersprüchlich Sinn, Inhalt und Aufgabe von Länderkunde
definiert und verstanden werden können. Dabei dürften besonders das unterschiedliche Verständnis von und das unterschiedliche Bedürfnis nach
länderkundlicher Information von Wissenschaft und Praxis, die in diesem
Büchlein zum Ausdruck kommen, irritieren, zugleich aber anregend und be-
fruchtend wirken.

Tatsache ist, daß der Bedarf nach länder-/landeskundlichen Informationen
als Grundlage politischer und/oder wirtschaftlicher Entscheidungen immer
größer wird. Parallel dazu ist in der Geographie z. B. zu konstatieren,
daß die "wissenschaftliche Länderkunde" eine vor zehn oder fünfzehn Jahren noch undenkbare Renaissance erfahren hat. Aber auch das Bedürfnis
nach politischen Länder- und Landeskunden, nach historischen oder soziologischen Länderanalysen ist gewachsen. Dem steht gegenüber - und dies
ist fast ein Paradoxon -, daß fachwissenschaftliche Länderkunden und ihr

Selbstverständnis einerseits, aktualistisch orientiertes länderkundliches Informationsbedürfnis andererseits oftmals weit auseinanderklaffen. Dieses liegt nicht nur im unterschiedlichen "Produktions- und Verwertungsprozeß" länderkundlicher Informationssysteme begründet, sondern natürlich auch in dem Selbstverständnis von Produzenten und Konsumenten eben dieser Systeme.

Herausgeber und Verlag hoffen, daß das vorliegende Buch zu einem besseren gegenseitigen Verständnis von Theorie und Praxis beitragen möge. Sie verstehen es aber zugleich auch als Auftrag an die Wissenschaft einerseits, stärker noch als bisher den Bedürfnissen der Praxis Rechnung zu tragen, als Auftrag an die Praxis andererseits, Länderkunde nicht nur als kurzfristig-aktualistisches Datenkonglomerat über einen bestimmten Raum zu verstehen, sondern die über lange Zeiträume gewachsenen geographisch-räumlichen, historischen, ethnischen wie sozioökonomischen Entwicklungen und Differenzierungen von Ländern und Völkern zur Kenntnis zu nehmen und in ihre Entscheidungen einzubeziehen. Wenn dieses ansatzweise erreicht wird, dann hat die vorliegende Publikation ihren Sinn erfüllt.

Bonn, im Juli 1990   Prof. Dr. E. Ehlers
                                      Institut für Wirtschaftsgeographie
                                      der Universität Bonn

EINLEITUNG

von Manfred Werth

Ursprünglich sollte der vorliegende Band des SSiP-Bulletins einen anderen Titel tragen: "Wissenschaftliche Länderkunde". Später, nach ersten Diskussionsrunden der durch den SSiP neu gegründeten gleichnamigen Arbeitsgruppe, einigte man sich auf "Wissenschaft und Länderkunde", zuletzt schien mir der Titel "Länderkunde als wissenschaftliche Aufgabe" am geeignetsten, den Stand der Diskussion zu reflektieren, die durch den merkwürdigen Tatbestand gekennzeichnet ist, daß eine Reihe wissenschaftlicher Disziplinen durchaus für sich beanspruchen, Beiträge zu einer wie immer verstandenen Länderkunde leisten zu können, zugleich aber der Status der Wissenschaftlichkeit derselben in Zweifel gezogen wird.

Die Frage, was "Länderkunde" letztlich sei, eine Wissenschaft, eine pure Aneinanderreihung von Fakten, ein regionalisiertes Agglomerat von Erkenntnissen anderer "echter" Wissenschaften oder eine eigene Disziplin mit einem klar definierbaren Erkenntnisobjekt, führt in der Tat sehr schnell zu grundsätzlichen wissenschaftstheoretischen Auseinandersetzungen, zu denen ich mir im Verlauf der Jahre aus der Praxis der Forschung heraus wohl eine Meinung bilden konnte, die ich aber nicht an den Anfang dieser kleinen Textsammlung stellen möchte. Dennoch: Merkwürdig ist sie schon, die Diskussion um die "Wissenschaftlichkeit" einer Materie, mit der sich (mit unterschiedlichster Zielsetzung) Heerscharen von Wissenschaftlern, Lektoren, Institutionen und Verlage (und dies meist mit gutem ökonomischem Erfolg, also nachfrageorientiert) betreiben.

- Vielleicht, so denkt man sich, wurde irgendwann einmal einfach versäumt, der Sache den richtigen Namen zu geben,

- so, wie im Verlauf der europäischen Wissenschaftsgeschichte aus der "Völkerkunde" als der Wissenschaft von den menschlichen Kulturen die Ethnographie und die Ethnologie wurde (auch dies eine eher irreführende Abgrenzung: Wer möchte und könnte schon völkerkundliches Tatsachenmaterial beschreiben, ohne deren vergleichende Einordnung in geschichtliche und regionale Entwicklungen? ...), und so wurde zu Recht in der englisch und französisch sprechenden Welt Ethnographie und Ethnologie einschließlich der physischen Anthropologie unter der Bezeichnung "Anthropologie" zusammengefaßt,

- so, wie niemand bezweifeln würde, daß die Geographie, die lange "Länderkunde" eher als Nebenprodukt der eigenen Disziplin für Nichtakademiker verstand, eine Wissenschaft sei,

- so, wie die Soziologie mit dem Anspruch, ihr eigenes Erkenntnisobjekt zu haben, hemmungslos in Nachbardisziplinen hausiert oder

- so, wie die Kulturhistoriker ganze Bibliotheken mit Reflektionen über die Frage füllten, ob es Grundgedanken oder "Ideen" gäbe, die eine gestaltende Kraft besitzen, welche über lange Zeiträume hinweg und durch viele Variationen sich erhält 1). Die Idee selbst wird hier zum Erkenntnisobjekt und zum Beweis der Wissenschaftlichkeit.

Ich möchte diesen Gedanken nicht fortführen: Geographen, Historiker, Ethnologen, Soziologen kommen in den folgenden Beiträgen zum Wort. Das Motiv aber, eine Arbeitsgruppe "Länderkunde" im Rahmen des SSiP ins Leben zu rufen, möchte ich an einem kleinen Beispiel verdeutlichen.

Mit großem Vergnügen, aber auch mit starkem Bauchgrimmen und immer wieder selber überrascht über Details der Darstellung, konnte ich über Jahre verfolgen, wie sich Wissenschaftler und Experten der unterschiedlich-

----

1) Schmitz, C. A., Historische Völkerkunde, Frankfurt 1967, S. 3

sten Herkunft über eine "Länderkunde Togo" aus dem Jahr 1913 unterhiel-
ten, die wir irgendwann einmal ausgegraben hatten und als Fotokopie unter den Experten im Land zirkulierten. Warum dieses Interesse? Weil das
"Wesentliche" erfaßt war über die Ewe, die Kabyé, die Kotokoli, diese
durch eigene und fremde Herrscher ausgebeuteten Völker in einem künst-
lichen Staat? In einigen Passagen das heute noch "Wesentliche" wiederzu-
finden, die Selektion des Beschriebenen, nicht dessen Vollständigkeit
oder Bewertung, rief wohl die Verblüffung hervor.

Hier einige Auszüge:

Länderkunde Togo

(von Fr. Hupfeld, Berlin 1913)

Nach Togo! Durch die Nordsee und den Kanal, durch die berüchtigte
Biskaya, dann durch den offenen Ozean hat uns der Woermann-Dampfer
in einer Woche nach den Kanarischen Inseln geführt. Nun geht es dem
afrikanischen Festlande zu. ...

Es erscheint fern im Osten ein Land: Öder Wüstensand, Cap Blanco
... In Monrovia, der Hauptstadt der wie das Zerrbild eines Kultur-
staates anmutenden Negerrepublik Liberia, wird einige Stunden Halt
gemacht. Hier nimmt der Dampfer zur Hilfe und zum Ersatz für die
weiße Schiffsbesatzung Kru-Neger an Bord. Damit macht sich auf einmal neues, eigenartiges Leben bemerkbar: Fremdartige Laute ver-
mischt mit dem Kauderwelsch des Küstenenglisch, europäische Klei-
dung in lächerlichster Verzerrung und Zusammenstellung, kindliche
Fröhlichkeit! Nicht eine Spur von der Erziehung zur ruhig gemesse-
nen Vornehmheit, die der Islam selbst dem Schwarzen gibt, denn diese Kru-Neger sind Heiden, aber doch tüchtige Leute! Man muß nur
sehen ... wie sie bei glühender Hitze die Kessel heizen! ...

Und sinnend wandern die Gedanken zurück in vergangene Zeiten.

Wir sehen im Geist die Seefahrer des Altertums, die Phönizier ...
Wir gedenken der Nachricht Herodots, daß vor nunmehr zweiundeinhalb
Jahrtausenden die Phönizier Afrika vom Roten Meer ausgehend um-
schifft haben, und wir erinnern uns daran, daß um 470 vor Christi
Geburt die Karthager unter Hanno dem Älteren mit einer großen Flot-
te bis nach Sierra Leone vordrangen. Aber diese Großtaten des Altertums hatten keinen dauernden Bestand ... So ging denn in der Folge-
zeit alle Kunde von diesen Gebieten für Europa verloren. ... ,

Erst als die Hochflut des Islams verebbte und als Portugal und Spanien in harten langen Kämpfen das Joch der Fremdherrschaft abge-
schüttelt hatten, begannen zunächst diese Staaten, sich der Westkü-
ste Afrikas zuzuwenden. ...

Als Schlußergebnis dieser wechselnden und kaum besonders interessan-
ten Kämpfe sehen wir heute ein starkes Zurückdrängen der Portugie-
sen, völliges Verschwinden der Dänen und Holländer, Aufrechterhal-
tung und Ausdehnung des französischen und englischen Besitzes und
endlich das Auftreten zweier neuer Kolonialmächte: Belgien und
Deutschland.

... Gold und Sklaven bildeten wie gesagt das Ziel aller kolonisie-
renden Völker in Westafrika ... das schwarze Elfenbein wurde daher
der wichtigste Handelsartikel. Namenloses Elend ist so durch den
Weißen bis tief in den afrikanischen Kontinent hineingetragen worden, aber andererseits hat es sich nur auf diese Weise fügen können, daß an der Erschließung Amerikas auch die schwarze Rasse teil-
genommen hat und teilnimmt. ... So arbeiteten die Neger bereits an
der Erschließung der neuen Welt zu einer Zeit mit, in der sich der
schwarze Erdteil noch jeder Kultur spröde verschloß.

... (Im Westen das Aschanti-Reich, im Osten das Königreich Dahome,
Anmerkung M. W.) liegt Mittel- und Südtogo, durch Jahrhunderte ein
Tummelplatz für die sklavenräuberischen Überfälle der mächtigen
Nachbarn. Da fanden unsere Pioniere weder in Süd- noch im Mittelto-
go größeren Widerstand, vielfach sogar freundliches Entgegenkommen
und willige Annahme des deutschen Schutzes. ...

Der Boden Togos ist im allgemeinen nicht eben reich an Nährstoffen.
... Klimatisch ist das Gebiet ein reines Tropenland ... Togo ist
für ein Tropengebiet ziemlich regenarm. Je weiter nach Norden,
desto mehr drängen sich die Niederschläge auf wenige Monate zusammen, desto länger und schärfer wird die Trockenzeit. So sind im So-
kode-Bezirk schon Ende Oktober die weiten Grasflächen der Steppen
so ausgedörrt, daß die Eingeborenen mit dem Grasbrande beginnen können, was in Südtogo erst im Dezember geschieht.

Prasselnd eilt dann die gierige Flamme über die Steppe, schwelt die
knorrigen Steppenbäume an und vernichtet den jungen Nachwuchs ...
So ist der Grasbrand im ganzen Äquatorialafrika, soweit es nicht
von Urwald bedeckt ist, immer und bis hinunter nach Südafrika, wohl
die wichtigste Erscheinung menschlichen Eingreifens in die Natur.
Die Brände werden noch gefördert durch den in der Trockenzeit auf-
tretenden Harmattan. Alles ausdörrend führt dieser trockene Nord-
und Nordostwind feine Bakterien und Ascheteilchen mit sich, die die
Luft so dunstig machen, daß man selbst hohe Berge erst sieht, wenn
man dicht vor ihnen steht.

So ist es denn nicht zu verwundern, daß die wenigen Urwälder, über
die das Schutzgebiet noch verfügt, im Gebirge und an dessen Westfu-
ße sich erhalten haben. ... Einst muß es aber anders gewesen sein,

denn die zahlreichen lebenden Reste früherer Regenwaldes, die an ge-
schützten oder besonders fruchtbaren und feuchten Stellen ihr Da-
sein fristen, lehren uns, daß große Teile, wenigstens von Mittel-
und Südtogo, einst mit demselben Urwald bestanden waren, den wir in
Oberguinea so viel vorfinden. Das ist vorüber. Der Mensch hat, um
sein Feld bestellen zu können, den Wald gerodet, und zwar das Mehr-
fache seines Jahresbedarfes, denn da der Neger im allgemeinen Dün-
ger nicht kennt, muß er mit Brache rechnen. Das Gras der Steppe hat
dann von den verlassenen Feldern Besitz ergriffen und die Grasbrän-
de lassen den Nachwuchs nicht aufkommen. Wenn wir jetzt daran denken wollen, das wiedergutzumachen, was durch Jahrhunderte gefehlt
worden ist, so müssen wir allerdings auch mit dem Umstande rechnen,
daß im Laufe der Zeit aller Wahrscheinlichkeit nach eine Verschlech-
terung der klimatischen Verhältnisse Togos aufgetreten ist. ...

Wie der Wald, so weicht auch das Wild in Togo dem Menschen. Der Togoneger lebt zwar nicht von der Jagd, ist aber doch ein eifriger
Jäger. ... Bei der Dichtigkeit der Bevölkerung und dem völligen Mangel für Wildschonung ist unter dem jagdbaren Wild schon recht stark
aufgeräumt worden, - der Togoneger betrachtet fast alles, was da
kreucht und fleucht als eßbar, also auch als jagdbar. ...

An Kleinvieh fehlt es in Togo nicht, und der Neger ist in der Regel
nicht wählerisch. Er mästet und verzehrt etwa vielfach auch den
Hund, eine kleine, häßliche gelbe Art, die zwar wachsam, für Jagd-
zwecke jedoch ebenso unververwendbar ist wie die eingeführten europäischen Jagdhunde, die in kurzer Zeit ihren Geruchssinn verlieren.

Dem Halten von Großvieh hat die Natur in weiten Teilen der Kolonie
durch die Tsetsefliege ein gebieterisches Halt entgegengerufen. ...

Der einheimische Togoneger kennt das Melken nicht, und damit hat
die Rindviehzucht für ihn doch nur beschränkten Wert. Die Unkenntnis der Verwendung tierischer Milch als Nahrungsmittel und demnach
auch die Möglichkeit, kleine Kinder anders als mit Muttermilch zu
ernähren, ist übrigens neben zahlreichen Krankheiten ein Grund für
die große Sterblichkeit der Kinder. Sie zwingt die Mütter dazu,
drei bis vier Jahre hindurch selbst zu nähren und sich daher innerhalb dieser Zeit vom Manne fernzuhalten. Daß darin unmittelbar eine
der vornehmsten Ursachen für die allgemein verbreitete Vielweiberei
zu suchen ist, sei hier nur angedeutet.

... Wenn also der Togoneger weder durch das Sammeln wilder Früchte
noch durch Jagd und Fischerei noch auch durch Viehzucht ausreichende Nahrung erlangen konnte, so war er durch bittere Not gezwungen,
sich dem Ackerbau zuzuwenden.

... Weiterhin ist die große Begabung des Togonegers für den Handel
hervorzuheben. Die Einführung europäischen Geldes ist überraschend
schnell gelungen. ...

Auf der anderen Seite aber zeigt der Togoneger auf manchen Gebieten eine geradezu bodenlose Unkenntnis: Er baut vielfach kreisrunde Hütten, weiß aber nicht, wie man einen Kreis schlägt. Das Rad ist ihm unbekannt, unbekannt also auch die Winde, die Töpferscheibe, der Wagen, unbekannt die Verwendung von Zugtieren, unbekannt der Pflug, unbekannt das Prinzip des Hebels; einem schweren Baumstamm oder Felsstück steht er ratlos gegenüber. Um Jahrtausende ist er in diesen Dingen hinter der weißen und der gelben Rasse zurück. ...

... Die Togoneger, besonders die Ewer, sind im allgemeinen wohlgebaute mittelgroße Gestalten. Die auffallend gerade Haltung ist wohl darauf zurückzuführen, daß alles auf dem Kopf getragen wird. Neigung zur Korpulenz ist weit seltener als in Europa. Die kräftigsten und arbeitsfreudigsten Leute entstammen den Küstenlandschaften, die seit Jahrhunderten mit dem Europäer in Berührung stehen; ein klarer Beweis, daß diese Berührung ein an sich gesundes Volk nicht entkräftet, sondern hebt, ein Beweis auch, daß die vielfachen Klagen über die Vernichtung des Negers durch den europäischen Schnapshandel, soweit Togo in Frage steht, zumindesten sehr übertrieben sind.

... Sehr angenehm berührt, daß der Togoneger verhältnismäßig ehrlich ist. Wenn auch die in näherer Beziehung zu Weißen stehenden Eingeborenen, besonders die Dienerschaft, aber auch manche Faktoreiangestellte sich kleinere und größere Spitzbübereien öfter zuschulden kommen lassen und sich davon auch durch die etwaigen Strafen, die für ihre Begriffe recht mild sind, nicht abhalten lassen, so ist das doch auf diese kleinen Kreise beschränkt.

... Dagegen teilt der Togoneger mit vielen anderen Völkern den Hang zur Lüge. Die Geistesgegenwart und Unverfrorenheit, mit der selbst der jüngste Bursche die ausgesponnensten Lügengebilde jederzeit zur Hand hat, wäre geradezu bewundernswert, wenn sie nicht so tieftraurig wäre. Menschenalter werden dazu gehören, um diese in Fleisch und Blut übergegangene Gewohnheit mit nur einigem Erfolge zu bekämpfen.

... Die Stellung der Frau ihrem Manne gegenüber ist eine recht selbständige; sie hat eigenes Vermögen, eigene Felder usw. Verwandschaft wird stets über die weibliche Linie gerechnet; so ist der nächste Erbe der älteste Sohn der ältesten Schwester. Die Familie im weiteren Sinne des Wortes ist in ganz Togo die Grundlage des Volkslebens. Aus mehreren Familien setzt sich das Dorf bzw. eine Landschaft zusammen. Neben dem Häuptling ist der Rat der Familienältesten die maßgebende Verwaltungs- und Gerichtsbehörde.

... Die Religion des heidnischen Togonegers ist keineswegs ein wirklicher Fetischdienst. Die Ewe erkennen einen höchsten Gott, unter dem der Blitzgott und die Donnergöttin, zahlreiche Erdgötter und Schutzgeister stehen. Sie formen sich wohl Fetische aus Lehm, aber sie beten nicht etwa diese Lehmfiguren an, sondern opfern nur vor diesen Figuren dem Gott, den sie darstellen sollen.

Im allgemeinen aber ist der Togoneger religiös sehr duldsam; es ist
für ihn selbstverständlich, daß jedes Volk, jedes Land, eine andere
Religion besitzt. So setzt er denn auch dem Eindringen der christli-
chen Religion keinen sehr erheblichen Widerstand entgegen. ...

Freilich wird man sich aber eines warmen Mitgefühls nicht erwehren
können, wenn man bedenkt, daß das Volk der Ewer nun nicht nur zwischen England, Deutschland und Frankreich aufgeteilt ist, sondern
daß unseren Togonegern gleichzeitig in derselben Togo-Kolonie die
evangelische und katholische Konfession gebracht wird und so das
Verhängnis, das über dem deutschen Volke ruht, auch nach dort ver-
pflanzt wird.

... Man könnte sich theoretisch wohl ein Christentum, christliche
Moral und Ethik ohne diese Einflüsse denken, aber welcher Deutsche
wäre imstande, sich so in das Gefühls- und Gemütsleben des Negers,
so in seine Geschichte, sein Klima, sein Begriffsvermögen hineinzu-
versetzen, um eine solche christliche Negermoral und Ethik zu schaffen? Und welcher Neger wäre geistig produktiv und selbständig genug, um das zu können?

Es ist von jeher das Schicksal, das nicht unverdiente Los kulturell
rückständiger und geistig unproduktiver Völker gewesen, bei dem Eindringen einer fremden höherstehenden Kultur auch rechtliche und
sittliche Begriffe mit aufnehmen zu müssen, die für ihre Verhältnisse nicht ganz am Platze sind. So ging und geht es bei allen Neger-
völkern Nordafrikas, so geht es auch in Togo.

Man hat wohl die Behauptung aufgestellt, der Islam passe besser für
den Neger, weil er ihm die Vielweiberei läßt und manch andere Gewohnheit, wohl auch deshalb, weil seine religiöse Auffassung dem Neger näher liegt als die christliche. Wer steht aber wohl auf so ho-
her Warte, wer ist so objektiv, ist so weise, um diese Frage wirklich beantworten zu können? Soviel aber ist sicher: Für die christ-
lichen europäischen Kolonialvölker ist es viel besser, die Heiden
werden Christen als Mohammedaner. Nicht nur ist dann eine Möglichkeit gegenseitigen Verstehens viel eher gegeben, sondern es fällt
auch die Gefahr fort, daß der Islam mit seiner umfassenden Organisa-
tion, seiner Disziplin und seinem Fanatismus einmal die verschiedenen einander feindlichen Völker Afrikas zusammenschließen könnte
zum gemeinsamen Widerstande gegen die europäische Herrschaft.

Es folgt eine ausführliche Darstellung deutscher Projekte in Togo, so unter anderem Bau der Eisenbahn Lomé - Atakpamé, der Ausbau von Lomé als
Handelsstation, Plantagenbau etc., das Ganze verknüpft mit folgendem ab-
schließendem Urteil:

8

"Die wissenschaftliche Gründlichkeit deutschen Wesens zeigt sich gerade in Togo in glänzendem Licht: Keine fremde Kolonie in Westafrika ist geographisch so genau bearbeitet, keine naturwissenschaft-
lich so gut erforscht, in keiner ist so viel freiwillige wissenschaftliche Arbeit von Beamten und auch von Missionaren und einigen
Privatleuten unentgeltlich geleistet worden."

(Ende der Auszüge)

Fast 80 Jahre, nachdem dieser Text geschrieben wurde, tippt der gegerbte
Finger des erfahrenen Agrarökonomen am Tisch einer Kneipe in Sokodé auf
die Textstelle und sagt: "Siehst Du, das ist es ... die Brandrodung, der
Harmattan ...".

Die Suche nach dem Wesentlichen, die Reduktion komplexer, vernetzter Systemzusammenhänge auf erkenntnis- und verhaltensrelevante Muster, ist
das also die Aufgabe einer wissenschaftlichen Länderkunde?

Der Beitrag von Oldenbruch, den wir bewußt an den Anfang dieses Readers
gestellt haben, beantwortet die Frage aus der Sicht eines Praktikers,
indem er eine verhaltensorientierte Landeskunde fordert, die neben der
Erreichung kognitiver Lernziele vor allem Empathie schaffen muß, zum Verständnis eines Landes und einer Kultur beitragen soll.

Der Begriff der Empathie bzw. der emischen Betrachtungsweise, die
Hupfeld in seinem Text von 1913 als so ganz und gar unmöglich empfand,
wird später von Bliss aufgegriffen und als zentrale Forderung an eine
wissenschaftliche Länderkunde thematisiert.

Auch der zweite Artikel dieses Bandes (Werth/Stevens) fragt nach der
praktischen Relevanz und vor allem der Akzeptanz der verfügbaren länderkundlichen Informationen, gestützt auf die Ergebnisse einer Umfrage unter deutschen Firmen und Kammern.

Das Ergebnis ist relativ eindeutig und unterstützt die eingangs formulierte Hypothese der Notwendigkeit der Selektivität der Information, indem nachgewiesen wird, daß die in großer Vielfalt vorliegenden Länderberichterstattungen, Datenbanken etc. bei der Zielgruppe der Nutzer (hier dargestellt am Beispiel der auslandsorientierten kleinen und mittleren Unternehmen) auf eine nur sehr geringe Akzeptanz stößt.

Auf einer ähnlichen Ebene argumentiert Engelhard, wenn er der Länderkunde als "Problemfall" der Geographen zubilligt, daß sie durchaus eine gesicherte wissenschaftstheoretische Basis haben kann, wenn sie sich als Disziplin versteht, die selektiv vorgeht, herausfilternd, was gesellschaftlich bedeutsam ist. Neben der Forderung auf den Verzicht der Fassung der Totalität macht Engelhard auf einen weiteren wesentlichen Aspekt aufmerksam, den eine moderne Länderkunde zu berücksichtigen hat: In einer Zeit globaler Beziehungszusammenhänge, die jedoch zugleich gekennzeichnet ist durch regionalistische Bewegungen der verschiedensten Art, muß, so Engelhard, die Länderkunde in der Lage sein, beides aufzubereiten.

Auch der Beitrag von Wolf äußert sich in ähnlicher Weise. Nicht die additive Verfügbarmachung regionalisierter Datenbanken machen, so Wolf, eine wissenschaftliche Länderkunde aus, sondern die Darstellung der "systemweltlichen Zusammenhänge" unter Berücksichtigung der Vernetzungen der miteinander in Beziehung tretenden Standorte.

Anders als in der Geographie war und ist die "Länderkunde" in der Soziologie, so Schrader, bislang unbekannt. Dennoch kann und muß die Soziologie nach Ansicht von Schrader wesentliche Beiträge leisten, sei es durch die Darstellung der sozialen Universalien, die Analyse der sozialen Strukturen der behandelten Länder oder auch durch die Erschließung der jeweiligen autochthonen Soziologie.

Provozierend ist dabei sicher die These Schraders der Möglichkeit einer monodisziplinären Sozialkunde (ggf. auch Landeskunde) und, wie später an

einigen kleinen Beispielen zu zeigen sein wird, sicher auch gerechtfer-
tigt die Warnung vor ethnozentristischen Fehlschlüssen der Verfasser und
Leser von Länderkunden.

Das Ethnozentrismus-Thema greift auch Bliss auf in seinem Beitrag über
eine zeitgemäße Länderkunde aus ethnologischer Sicht. Der Appell von
Bliss, nach den "Innenansichten" der anderen zu fragen, eben Empathie zu
fördern, in emischer Betrachtungsweise die Welt so zu sehen, wie die
anderen sie sehen, kennzeichnet eines der Kernprobleme der Länderkunde.

Was für die emische Betrachtungsweise als Anforderung an eine wissenschaftliche Länderkunde gilt, gilt auch für die historische Tiefendimension. Am Beispiel der Islam-Kunde beschreibt Düwell den möglichen Beitrag der Geschichtswissenschaft. Daß Düwell insbesondere die Exilanten-
forschung als Quelle der Länderkunde benennt, führt erneut zum Thema der
Empathie.

Zwei weitere praxisorientierte Beiträge schließen den vorliegenden Rea-
der ab. Göllner berichtet über länderkundliche Informationen als Bestand-
teil des Fremdsprachenunterrichts und die isoplan-Mitarbeiter Stevens
und Hemmersbach fassen in einem Beitrag die bisherigen Erfahrungen mit
einem länderkundlichen Informationsprogramm zusammen, das durch das isoplan-Institut im Rahmen der Integrationsarbeit für Ausländer des Bundes-
ministeriums für Arbeit und Sozialordnung durchgeführt wird.

Es ist nicht die Idee dieser kurzen einleitenden Bemerkungen, die methodologische Konzeption einer wissenschaftlichen Länderkunde zu entwerfen,
wiewohl dies eine dankbare und wohl notwendige Aufgabe wäre. Vor allem
die Geographie, die Völkerkunde, die Soziologie, Ethnologie, Religions-
und Geschichtswissenschaft und nicht zu vergessen die Wirtschaftswissenschaften sind gefordert, ihre Erkenntnisse einzubringen im Sinne einer
empathieorientierten analytischen Reduktion der kaum mehr zu bewältigen-
den Fälle von Informationen auf wesentliche Zusammenhänge.

11

Eine unlösbare Forderung? - Ich bin nicht sicher. Entkleidet man gewis-
sermaßen Darstellungen wie Hupfelds Länderkunde Togo aus dem Jahr 1913
von ihren weltanschaulichen, schwärmerischen, ideologischen Momenten,
verbleiben im Kern eine Reihe von Beobachtungen bestehen, die auch heute
noch ihre Gültigkeit haben. Schmunzeln mag dabei erlaubt sein beim Lesen
solcher "Landeskunden", wie sie Forscher und Entdecker der westlichen
Hochkulturen zu Tausenden hervorgebracht haben, Überheblichkeit freilich
nicht.

Treffend schildern Danckwortt und Blatt in einer Dokumentation über die
entwicklungspolitische Kulturförderung der Bundesrepublik Deutschland 1)
die erstaunt betroffene Reaktion der afrikanischen Teilnehmer einer afri-
kanisch-deutschen Tagung, nachdem ein deutscher Staatsmann die Verbunden-
heit beider Staaten dadurch unterstreichen will, daß ein Deutscher die
berühmten Wasserfälle entdeckt habe. Die Spannung, so die Beobachter,
löste sich erst, als der afrikanische Versammlungsleiter scherzhaft die
Frage stellte, welcher Angehörige seines Landes wohl Berlin für Afrika
"entdeckt" hat.

Und man muß nicht lange suchen in landeskundlichen Büchern und Reisefüh-
rern unserer Tage, bis man auf Textstellen stößt wie diese:

... "wenn sich eine Menschenmenge zusammenfindet, beginnt das Fest überall zur gleichen Zeit ... In Ermangelung von Instrumenten reichen Gesang
und Händeklatschen aus, um eine festliche Stimmung hervorzurufen ..."
und ein paar Seiten weiter: ... "trotz der Mühen des Alltags zeigt die
Togolesin eine große Lebensfreude. In der ein Hand 'assogoé', ein
'maracas', mehr braucht es nicht, um einem Freudentanz Rhythmus zu ver-
leihen ...". (Togo, éditions j. a. Paris 1977)

----

1) DSE (Hrsg.), Entwicklungspolitische Kulturförderung der BRD,
   Begriffe, Entwicklung, aktueller Stand, Bonn 1987, S. 3

oder:

... "an den großen Männern eines Volkes und ihrer Nachwirkung kann man deutlich auf Anlagen, Fähigkeiten und Eigenschaften des Volkes rück-schließen. Das türkische Volk ist ein soldatisches mit staatsbildender Kraft." (Osward, Türkei, Pforte des Orients, München 1964).

Wie weit ist diese Sicht der Dinge nun entfernt von Hupfelds Beschrei-bung der "Togoneger" aus dem Jahr 1913, für den es im übrigen klar war, daß der "schwarze Erdteil erst (richtig) erforscht, verteilt und erobert wurde ...", nachdem 1884 "unvermutet Deutschland auf den Plan trat", wie-wohl "freilich Deutschland der kühne Wurf kaum gelungen wäre, wenn nicht Bismarck am Ruder des Staatsschiffes gestanden hätte." Bislang, so hat es den Anschein, ist es besser, Büchlein wie diesem den Titel "Länderkun-de als wissenschaftliche Aufgabe" zu geben.

VERHALTENSORIENTIERTE LANDESKUNDE
- ein Praxisbericht-

Von W. Oldenbruch

In der Zentralstelle für Auslandskunde (ZA) der Deutschen Stiftung für internationale Entwicklung bereiten sich in Bad Honnef jährlich zwischen 1.000 und 1.500 Personen, d. h. Fachkräfte und ihre Familien auf ihren Aufenthalt in Entwicklungsländern vor - i. d. R. in 3-monatigen Seminaren, die modulhaft so angelegt sind, daß ein Jeder in jeder Monatsmitte einsteigen und auch unterschiedlich lange daran teilnehmen kann.

Auftraggeber der ZA sind mittlerweile etwa 60 verschiedene Institutionen, Organisationen und Consulting-Unternehmen (letztere tätig im Auftrag der GTZ und KfW) - mit der GTZ einschließlich CIM als Hauptauftraggeber.

Das Vorbereitungsprogramm umfasst neben Sprachunterricht die Programmbereiche Landeskunde, Entwicklungspolitik, Interkulturelle Zusammenarbeit und Kommunikation sowie Trainings- und Intensivkurse zu Fragen des Managements, der Wissensvermittlung, der Beratung, der Ausreise mit Kindern etc.

Zur Verhaltensorientierung der Landeskunde schrieb die ZA bereits in ihrem Jahresbericht 1975:

Das Programm Landeskunde will mehr "als nur Kenntnis über das Gastland im kognitiven Bereich zu vermitteln. Es will eigentlich Empathie schaffen, und so das Verständnis für die Ziele, Werte und Leistungen des Gastlandes aus seinem eigenen Selbstverständnis heraus erreichen. Es will damit die Voraussetzungen für ein Verhalten des Experten und seines Ehepartners schaffen, das dadurch gekennzeichnet ist, daß sie wirklich in dem Lande - und nicht in einem Getto - leben, daß sie sich den öffentlichen Bedingungen anpassen und sich (bis zum notwendigen Grade) integrieren können, daß sie sich in ihren Entscheidungen an den verstandenen Zielen und Prioritäten des Gastlandes orientieren können etc." (Jahresbericht der DSE (ZA), 1975 S. 94).

1. Das Anforderungsprofil an Fachkräfte der Entwicklungszusammenarbeit und ihre Familien ist beträchtlich, die Rollenbeschreibung beeindruckend.

> Es sind die soziokulturellen Faktoren in der Arbeit und im Aufenthalt zu berücksichtigen,

> die Zusammenarbeit soll partnerschaftlich und von Respekt geprägt sein für örtliche Leistungen, Werte und Normenvorstellungen; dabei soll die Fachkraft sich zurücknehmen können, sich überflüssig machen.

> Die Fachkräfte und ihre Familien sollen ihr Verhalten an die öffentlichen Bedingungen anpassen.

> Dabei ist jeder Mann/jede Frau gut beraten, seine/ihre Identität zu wahren.

> Gefragt ist nicht mehr so sehr der Transfer von Technologie, die Weitergabe von Wissen. Vielmehr schiebt sich in den Vordergrund der Beitrag der TZ zur Förderung einheimischer Institutionen für

den Entwicklungsprozeß, ihr Beitrag zur Mobilisierung, Bildung
und Bündelung vorhandener einheimischer Ressourcen.

2. Vorbereitung insgesamt zielt darauf ab, durch Wissenserwerb, Erfahrungsaustausch, (risikofreies) Durchspielen von konkreten, der Zukunft nachgebildeten Situationen, Ausprobieren und Reflexion, dem
Teilnehmer die Möglichkeit zu geben, nach seiner Entscheidung Schrit-
te auf dem Wege zur Erfüllung des Anforderungsprofils zu gehen.

Landeskunde - und damit auch der Anspruch an ihre Verhaltensorientierung - ist also im Kontext der Gesamtvorbereitung zu sehen.

3. Was bedeutet in diesem Zusammenhang Verhaltensorientierung - auch
der Landeskunde?

Der Anspruch ist hoch:

Der Teilnehmer soll die Möglichkeit erhalten, die an ihn gestellten
Anforderungen kennenzulernen, soll sich damit auseinandersetzen können und entscheiden, welche Konsequenzen dies für sein Lernprogramm
während der Vorbereitung hat.

Der Teilnehmer soll mehr über seine vorhandenen Einstellungen und
Verhaltensweisen erfahren können und darauf aufbauend sein (zukünfti-
ges) Verhalten im Gastland kritisch reflektieren können.

Die Vorbereitungszeit darf beim Teilnehmer nicht die falsche Sicherheit aufkommen lassen, daß an ihrem Ende alles "geregelt" sei.

Im Gegenteil: Die Vorbereitung muß klar machen, daß ein verhaltens-
orientiertes Vorbereitungsprogramm nur ein Einstieg in einen Prozeß
ist, dessen wichtigere Phasen vor Ort ablaufen und infolgedessen die
eigentliche Auseinandersetzung mit dem eigenen Verhalten erst vor
Ort geschehen kann - und muß.

Methodisch gesehen erfolgt der " Angriff" auf den Teilnehmer aus
drei Richtungen:

> von anderen Teilnehmern, von denen die meisten Entwicklungsland-
  (arbeits-)erfahren sind.

> durch das umfangreiche und aufbereitete Medienangebot

> durch die Programmveranstaltungen (mit hohem Anteil an Erfahrungs-
  austausch) der ZA.

4. Aus allen drei Richtungen vollzieht sich verhaltensorientierte <u>Lan-
   deskunde</u>:

> Erfahrene Teilnehmer geben in den Programmveranstaltungen, aber
  auch außerhalb, d. h. in den Pausen und bei ihren abendlichen Ge-
  sprächen, Wissen, Erfahrungen, Interpretationen weiter, sie be-
  richten und ermahnen - setzen dadurch bewußt oder unbewußt Normen. Unerfahrene schaffen mit anderen Unerfahrenen die Solidari-
  tät der "Neuen" (anderen geht es wie mir) oder bieten erfahrenen
  Teilnehmern die Möglichkeit, "groß heraus zu kommen" - aber auch
  durch und bei der eigenen Darstellung die eigenen Erfahrungen zu
  reflektieren.

> Die Medien (Bücher, Zeitschriften, Landesmappen, die Hefte "zu
  Verhalten in ..." (verhaltensorientierte Länderpapiere), Arbeits-
  buch Landeskunde, Filme Videos, Dias, Poster, Karten) informieren
  und visualisieren.

> Die Veranstaltungen mit Landeskennern bzw. Angehörigen des Gast-
  landes tragen dazu bei, sich zu öffnen, zu reflektieren, Position
  zu beziehen, gute Vorsätze zu fassen. Sie schaffen aber auch oft
  (notwendigen) Widerspruch zu Teilnehmermeinungen.

Neben den Medien (und hier insbesondere der jeweils aktuellen und
zu Beginn der Vorbereitung ausgehändigten Landesmappe) und den Ge-
sprächen zwischen Teilnehmern ist das Herzstück der Landeskunde
im Drei-Monats-Seminar das Programm Landeskunde. Dies umfaßt folgende Elemente:

> Tutorial: vier bis fünf halbe Tage mit Tutor (Landeskenner,
  freier Mitarbeiter) zu den Themen Geographie, Geschichte Politik, Wirtschaft, Gesellschaft und Kultur.

> Wenn der Tutor nicht Angehöriger eines Entwicklungslandes ist:
  ein 1/2-tägiges Gespräch mit einem Angehörigen des zukünftigen
  Gastlandes.

> Wenn möglich werden Gespräche mit Heimaturlaubern vorgesehen.

> Beratungsgespräch Alltagsfragen (ein halber Tag). Der Berater
  ist in der Regel nicht der Tutor.

> Beratungsgespräch Projektumfeld (ein halber Tag).

> Bei Bedarf: Beratungsgespräch Religion im Alltag (ein halber
  Tag).

> Plenumsveranstaltungen für die Regionalgruppe.

> Kulturveranstaltungen.

Aufgrund der Teilnehmerzahl pro Lerngruppe (meist zwischen einem
bis drei Teilnehmern), kann sich dem so stattfindenden Prozeß der
Auseinandersetzung auch kaum jemand entziehen.

Besondere Rolle kommt dabei den Tutoren zu:

Sie "steuern die Teilnehmer ihrer Landesgruppe durch das Programm. Sie gleichen aus und motivieren, vermitteln Kenntnisse,
verfestigen Lernergebnisse, hören zu, lassen sich fragen, fragen
selber und geben Antwort. Sie befriedigen Lernwünsche oder
blocken sie auch ab, wenn die Interessen allzusehr vom Kurs ab-
weichen." (Jahresbericht 1988 der DSE, S. 56)

Natürlich stellt sich auch - und vielleicht gerade - bei einer
verhaltensorientierten Landeskunde die Frage nach den Inhalten.

Einerseits wird der Bedarf nach landeskundlichen Inhalten von dem-
jenigen definiert, der sich auf Leben und Arbeiten in einem Entwicklungsland vorbereitet: vom Teilnehmer. Er "hat einen Bedarf
an gastlandbezogenen Kenntnissen und Fähigkeiten, der einge-
schränkter ist als die Summe dessen, was Wissenschaftler an landeskundlichen Fakten und Zusammenhängen über dieses Land zusammen-
getragen haben, der aber an manchen Stellen über das hinausgeht,
was in geographischen Landeskunden niedergelegt ist." (Jahresbericht der DSE 1988, S. 54)

Auch die Befriedigung dieses Bedarfes bleibt erfahrungsgemäß
nicht ohne verhaltensbezogene Auswirkungen: Der informierte Teilnehmer traut sich mehr, ist bereit, neue Erfahrungen zu machen
und neue Informationen aufzunehmen, ist bereit, Distanz zu Einheimischen zu reduzieren.

Andererseits stellt sich die Frage nach den Inhalten noch einmal
selbständig aus der Verhaltensorientierung der Landeskunde: "Und
wer ... Erwartungen an die Kommunikations- und Interaktionsfähig-
keit der einreisenden Know-how-Träger ... hegt, ... der möchte offensichtlich, daß eine zusammenarbeitsbezogene Landeskunde nicht
nur kognitive Lerninhalte berücksichtigt." (Jahresbericht der DSE
1988, S. 54)

Gemeint sind dann Inhalte wie solche,

> die das Verhalten einheimischer Kollegen, Nachbarn etc. verständlicher und verstehbarer machen und damit Klärungen möglich sind, wie man selbst damit um- und darauf eingeht;

> die das (politisch, gesellschaftlich, landschaftlich) Reizvolle eines Landes darstellen und die eine Vorfreude und Spannung aufbauen, das Land kennenzulernen;

> die motivieren, sich auf das Land einzulassen und im Lande selbst weiter lernen zu wollen;

> die die Angst nehmen oder zumindest bewußt(er) machen, im Lande Erfahrungen zu machen;

> die die Sicherheit geben, sich im Lande mehr zu trauen;

> die dem Teilnehmer die Möglichkeit geben, während der Vorbereitung gute Vorsätze zu fassen und diese beim Auslandsaufenthalt häufiger zu überprüfen;

> etc.

In der alltäglichen Durchführung eines Konzeptes der verhaltensorientierten Landeskunde muß die Zentralstelle sich dies immer wieder bewußt machen, bei jedem neuen Teilnehmer neu anzufangen und noch manche methodische und inhaltliche Präzisierung und Weiterentwicklung vorzunehmen.

LÄNDERBEZOGENE INFORMATIONSANGEBOTE IN DER BUNDESREPUBLIK
- Struktur, Leistungsmöglichkeiten und Nutzerinteressen -

Untersucht am Beispiel außenwirtschaftlich interessierter kleiner und mittlerer Unternehmen (KMU)

Von Manfred Werth
     Willi Stevens

Die generelle Relevanz länderkundlicher Informationen, d. h. die Sinnhaftigkeit und Notwendigkeit der Wissensvermittlung über die historischen, sozialen, kulturellen, wirtschaftlichen, politischen und naturräumlichen Gegebenheiten im Ausland ist sicher unumstritten. Eine Vielzahl von Problembereichen, Handlungsfeldern und wissenschaftlichen Disziplinen ist angesprochen. Berührt werden Fragen der allgemeinen politischen Relevanz, der internationalen Verständigung, der Kulturpolitik und des Abbaus von Vorurteilen wie auch Fragen der allgemeinen und beruflichen Bildung, der internationalen wirtschaftlichen Zusammenarbeit und nicht zuletzt Fragen der Ausländerpolitik und Integration von Minderheiten.

Trotz der enormen Fülle vorliegender länderkundlicher Informationen muß die Frage nach deren praktischer Relevanz für potentielle Nutzer gestellt werden. Dies betrifft sowohl den professionellen Nutzen als auch

für das praktische soziale Verhalten bedeutsame Lerneffekte (z. B. die
Frage: "Inwieweit verändern Informationen über die Herkunftsländer ausländischer Arbeitnehmer, z. B. der Türkei, das praktische Verhalten gegenüber Ausländern in Deutschland). Gleiches gilt für die prognostische
Relevanz der dargebotenen Informationen (z. B.: "Hätte man die Entwicklung im Iran oder auch jüngster Zeit in China vorhersagen können?" und
"Welche Bedeutung hat dies im Vergleich zu Zolltarifinformationen für
den in diesen Ländern tätigen Unternehmer?")

Unter eher prinzipiellen Gesichtspunkten stellt sich sicherlich auch die
Frage nach den qualitativen Bewertungen und den durch die länderkundlichen Informationen vermittelten Werturteilen.

Die eingangs formulierten grundsätzlichen Überlegungen zur Bedeutung länderkundlicher Informationen, aber auch den Schwachstellen vorliegender
Informationsangebote in Form, Inhalt und Vermittlung konnten im Rahmen
einer kürzlich vom isoplan-Institut durchgeführten empirisch-analyti-
schen Studie näher präzisiert werden.

Die im Auftrag der Gesellschaft für Technische Zusammenarbeit (GTZ) erstellte Studie: "Informationsmaterial über Möglichkeiten der privatwirtschaftlichen Kooperation mit Entwicklungsländern" ermittelte, über die
unbestrittene generelle Relevanz länderkundlicher Informationen hinaus
für die Gruppe außenwirtschaftlich interessierter kleiner und mittlerer
Unternehmen

a) deren "Nachfragepotential" nach Informationen der wirtschaftlichen
    Zusammenarbeit,

b) Inhalt, Struktur und Vermittlungswege des in der Bundesrepublik
    Deutschland vorliegenden Informationsangebotes für die mittelständi-
    sche Wirtschaft.

Methodisch basierte die Untersuchung auf einer Auswertung verfügbarer Studien und Forschungsarbeiten zum Informationsverhalten und zum Informationsbedarf kleiner und mittelständischer Unternehmen und auf einer Serie mündlicher Expertengespräche mit Kammern, Verbänden und einschlägigen entwicklungspolitischen Institutionen.

Ergänzend wurde eine schriftliche Befragung von Informationsanbietern durchgeführt mit dem Ziel einer möglichst vollständigen Dokumentation des Informationsangebotes sowie eine qualitative Einschätzung des Informationsbedarfs und -verhaltens von kleinen und mittleren Unternehmen durch die Informationsanbieter selbst.

Die bis dato vorliegenden Studien und Untersuchungen geben, wenn auch überwiegend auf der Grundlage kleiner Stichproben, einen guten Überblick über das faktische Informationsverhalten deutscher Unternehmer. In gewisser Hinsicht sind sie jedoch nach wie vor unvollständig und ergänzungsbedürftig.

> Sie sind methodologisch primär deskriptiver Natur; die Frage nach den Motivstrukturen für ein unternehmerisches Engagement in bzw. mit Entwicklungsländern wird bisher nicht oder nur marginal behandelt.

> Sie berücksichtigen - aus einsehbaren Gründen - nicht die Auswirkungen der veränderten politischen und wirtschaftlichen Rahmenbedingungen in der DDR und den östlichen Nachbarstaaten auf die außenwirtschaftliche Orientierung deutscher kleiner und mittlerer Unternehmen.

Aus den im Rahmen der isoplan-Untersuchung ermittelten Eckdaten und Trends zum privatwirtschaftlichen Engagement in Entwicklungsländern und der umfassenden Analyse des Informationsangebotes und des Nachfrageverhaltens der mittelständischen Wirtschaft lassen sich folgende, empirisch weitgehend gesicherte Thesen herausarbeiten.

These 1: Trotz der Außenhandelsrekorde der bundesdeutschen Wirtschaft
ist das Außenhandelsvolumen (Importe/Exporte) der deutschen
Wirtschaft mit Entwicklungsländern stagnierend bis rückläufig
(9,8 % der Exporte; 12 % der Importe). Gleiches gilt für den
Stand der unmittelbaren und mittelbaren deutschen Direkinvesti-
tionen in Entwicklungsländern (von Ausnahmen in einigen Schwel-
lenländern abgesehen).

Vorliegende, immer wieder zitierte Schätzungen (z. B. Braun)*,
daß ein Potential von 5.000 - 10.000 kleiner und mittelständischer Unternehmen generell ein Interesse an einer Kooperation
mit Entwicklungsländern zeigt, mögen bislang zutreffend gewesen sein, sind jedoch unter den zur Zeit gegebenen politischen
und ökonomischen Rahmenbedingungen rein spekulativer Natur.

Wie die Ergebnisse der Arbeitsstättenzählung 1987 gezeigt haben, existie-
ren in der Bundesrepublik Deutschland zur Zeit 2,581 Mio. Arbeitsstätten, davon 360.463 im Verarbeitenden Gewerbe, mit rund 27 Mio. Beschäftigten.

Grenzt man die Gruppe der theoretisch relevanten Betriebe auf den Sektor
des Verarbeitenden Gewerbes sowie die Betriebe des Groß- und Außenhan-
dels ein, so verbleiben

> rund 43.800 Betriebe im Verarbeitenden Gewerbe insgesamt
  bzw.
> rund 11.329 Betriebe in der Größenklasse von 100 - 999 Beschäftig-
  ten**
  und
> rund 41.900 Betriebe des Großhandels (mit über 1 Mio. Umsatz)

----

* Braun, H. G.: Unternehmerkooperation mit Entwicklungsländern, Köln
  1987
** 25.984 Betriebe mit 20 - 99 Beschäftigten, ohne Handwerk

als potentielle Kooperationspartner für ein Engagement in den Ländern
der Dritten Welt.

Rund 26,9 % der Warenbezüge des deutschen Großhandels (Umsatz 1986: 684
Mrd. DM) und 14,5 % der Warenlieferungen (793 Mrd. DM) entfallen dabei
auf das Ausland.

Die Exportquote im Verarbeitenden Gewerbe, d. h. der Anteil des Auslands-
umsatzes am Gesamtumsatz, betrug 1988 30,8 %, wobei der weitaus überwiegende Teil der Exporte (wie auch der Importe) auf dem Europäischen Bin-
nenmarkt bzw. mit sonstigen Industrieländern abgewickelt wurde.

Lediglich 12,5 % der Gesamteinfuhren im Wert von rd. 440. Mrd. DM (1988)
bzw. 507 Mrd. DM (1989) kamen aus Entwicklungsländern, davon aus

	Mrd. DM gerundet	%
> Afrika	11,3	21
> Amerika	13,4	24
> Asien	29,4	54
> Ozeanien	0,7	1
GESAMT	54,8	100

Bei den Ausfuhren (1988: 568 Mrd. DM) belief sich der Anteil der
Entwicklungsländer auf lediglich 9,5 %. Dabei entfielen auf:

	Mrd. DM	%
> Afrika	10,0	18
> Amerika	9,9	18
> Asien	33,9	63
> Ozeanien	0,1	1
GESAMT	53,9	100

Betrachtet man die Höhe der unmittelbaren und mittelbaren deutschen Direktinvestitionen im Ausland, so zeigt sich ein eindeutiger Trend, der
durch die innerdeutschen Entwicklungen und die Annäherung an die sonstigen östlichen Nachbarstaaten verstärkt werden dürfte: Während die Gesamt-
höhe der deutschen Direktinvestitionen im Ausland seit Jahren eine stark
steigende Tendenz hat (1984: 146 Mrd. DM; 1988: 158 Mrd. DM), sinkt bzw.
stagniert die Höhe der Investitionen in Entwicklungsländern (1984: 21
Mrd. DM; 1988: 17,6 Mrd. DM).

Angesichts dieser Entwicklung wird deutlich, daß das Gesamtpotential
kleiner und mittlerer Betriebe in der Bundesrepublik Deutschland, die
für ein Engagement in Entwicklungsländern - sei es in Form von Beteili-
gungen, Importen oder Exporten - überhaupt ansprechbar sind, durchaus begrenzt, eher sogar rückläufig ist.

These 2:   Vieles spricht aber auch für die Hypothese, daß das sensibili-
           sierbare Potential von KMU bei weitem nicht ausgeschöpft ist
           und gute Ansatzpunkte für eine stärkere Mobilisierung beste-
           hen, wenn es gelingt, gezielter auf die (nicht nur monetäre)
           Motivationsstruktur und das spezifische Informationsverhalten
           der KMU einzugehen.

           Praktisch alle vorliegenden empirischen Studien kommen zu dem
           Schluß, daß ein großer Teil (ca. 20 % - 30 %)* der bisher
           nicht in EL engagierten mittelständischen Firmen bereit wären,
           dieses zu tun, falls sie geeignet informiert bzw. beraten wür-
           den.

----

* Vgl. Schwarting, U., u. a.: Nachfrageverhalten kleiner und mittlerer
  Unternehmen nach Außenhandelsinformation und -beratung, eine Umfrage
  im Bereich der IHK zu Münster, Göttingen 1985

Wie eine Reihe von Umfragen unter deutschen Unternehmen zeigen, wird der zu geringe Informationsstand über Entwicklungsländer hinter "technischen" Gesichtspunkten (nicht verlagerungsfähiger Produktionsprozeß) und organisatorisch-personellen Engpässen (fehlende Personalausstattung, Zeitmangel) häufig als Grund für die bisherige Abstinenz von Geschäftsbeziehungen mit Entwicklungsländern genannt.

GRÜNDE FÜR DIE ABSTINENZ VON GESCHÄFTSBEZIEHUNGEN MIT ENTWICKLUNGSLÄNDERN 1)

Anzahl der Nennungen von 220 Unternehmen

Kategorie	Gesamtzahl
keine kaufkräftige Nachfrage nach deutschen Produkten	86 (40)
Materialbeschaffung am günstigsten in Deutschland	46 (40)
nicht verlagerungsfähiger Produktionsprozeß	89 (30)
Unsicherheit und Risiko allgemein zu hoch	53 (35)
personelle Ausstattung des Unternehmens fehlt	66 (41)
Zeitmangel	72 (50)
nicht ausreichende Kapitalbasis für Auslandsengagement	43 (27)
zu geringer Informationsstand über Entwicklungsländer	61 (46)
kein wirtschaftlicher Zwang zum Auslandsengagement	70 (36)
sonstiges insgesamt:	32 (8)
darunter: - Konzernpolitik	8 (0)
- Transportkosten	8 (3)
- Produktspezifisch	5 (1)
Insgesamt	618 (339)

Anmerkung: In Klammern die Fälle, welche von U genannt wurden, die grundsätzlich zu Geschäftsbeziehungen mit EL bereit sind.

1) König, W. und Peters, J.: Unternehmerisches Engagement in der Dritten Welt, Ergebnisse einer Befragung niedersächsischer Industrieunternehmen, Göttingen 1986, S. 229

Auch Unternehmen, die bereits Direktinvestitionen in Entwicklungsländern getätigt haben oder als Exporteure/Importeure aktiv sind, klagen nicht selten über Schwierigkeiten bei der Beschaffung von Informationen über das jeweilige Gast- bzw. Partnerland.

Praxisrelevant ist der weitere Befund, daß der Mangel an geeigneten Informationen ein bisheriges Engagement verhindert habe bzw. bereits laufende Kooperationen erschwert, jedoch nur, wenn eine eindeutige zielgruppenspezifische Definition dessen erfolgt, was unter "geeigneter Information" verstanden werden soll.

Dieses wiederum ist nur möglich unter Berücksichtigung der unterschiedlichen Motive und Informationsbedürfnisse in verschiedenen Phasen der Projektplanung/-realisierung (Sensibilisierung, Erstinformation, Projektinformation) und des konkreten Informationsverhaltens der KMU in einzelnen Projektphasen (Akzeptanz von Informationsmittlern!). (Fragen der Absatzsicherung bzw. -erweiterung haben dabei insbesondere bei mittelständischen Betrieben eine eindeutige Priorität, eine Tatsache, die die Bedeutung der Handelsförderung als Einstiegssektor in die breitere Palette betrieblicher Kooperationsmöglichkeiten unterstreicht.)

Zwei Schlußfolgerungen sind auf dem Hintergrund der Auswertung verfügbarer empirischer Studien über die Bedeutung von Informationen für das Investitionsverhalten bzw. die "Mobilisierbarkeit" von mittelständischen Unternehmen zu ziehen:

a) muß festgestellt werden, daß Erkenntnisse zum Informationsverhalten in ausreichendem Maße vorliegen, Untersuchungen zur Motivstruktur der KMU, ein Engagement in Entwicklungsländern einzugehen, fehlen hingegen fast völlig, oder sind oberflächlicher Natur.

b) wäre es ein Fehlschluß, aus den vorliegenden Studien abzuleiten, daß insbesondere bei mittelständischen Unternehmen ein genereller Infor-

mationsmangel über Investitions- und Handelschancen mit Partnern in
Entwicklungsländern vorliegt. Eher das Gegenteil ist der Fall: die
Formel "overnewsed but not informed" dürfte die Realität besser tref-
fen.

These 3: Die politischen Entwicklungen in der DDR und den osteuropäi-
schen Ländern werden nach einhelliger Meinung aller befragten
Experten zu einem drastischen Absinken der Bereitschaft insbesondere mittelständischer Unternehmen führen, sich in den Ländern der Dritten Welt zu engagieren. Dies betrifft insbesondere den Bereich der Direktinvestitionen bzw. joint ventures, weniger den der Handelsförderung.

Trotz der "euphorischen Grundstimmung, die sich nach der Öff-
nung Osteuropas in der bundesdeutschen Industrie breitmachte"
und die "Binnenmarkteuphorie" der Jahre 1988/89 längst über-
holt hat, ist eine gezielte Informationsarbeit über Möglichkeiten des privatwirtschaftlichen Engagements in Entwicklungsländern notwendig und erfolgversprechend, notwendig im Sinne
längerfristiger Strategien, erfolgversprechend, wenn es gelingt, konkrete Marktchancen zu vermitteln.

Neben der Überlegung, daß die aktuelle starke Ausrichtung vor allem der
mittelständischen Unternehmen auf die sich öffnenden Märkte der DDR und
den östlichen Nachbarstaaten aus entwicklungspolitischen Gründen eine
verstärkte Informations- und Öffentlichkeitsarbeit zugunsten der Entwicklungsländer erfordert, ergeben sich aus dieser Entwicklung auch neue
wirtschaftliche Aspekte und Argumente: so etwa die Überlegung, daß die
"neuen Märkte" im Osten einen durchaus vielversprechenden Absatzmarkt
für Produkte aus Entwicklungsländern darstellen oder daß neue deutsch-
deutsche joint ventures ihren Absatzmarkt in den Ländern der Dritten
Welt finden können.

These 4: Die sowohl auf Bundesebene wie auf Landesebene durch eine Vielzahl öffentlicher, halböffentlicher und privater Institutionen
bestehenden Informationsangebote sind so vielfältig und umfang-
reich, daß Tnformationslücken kaum bestehen. Unter Nutzung aller Medien ist eine weltweite Abfrage wirtschaftsrelevanter Informationen möglich.*

In einer schriftlichen Befragungsaktion, die von isoplan im Rahmen dieser Untersuchung durchgeführt wurde und in der 110 Informationsvermittler (Institutionen) einbezogen waren, bestätigte die Mehrheit der befragten Unternehmen diese These, auch wenn insbesondere für den Bereich der
mittelständischen Industrie das Informationsangebot zur wirtschaftlichen
Kooperation noch als verbesserungswürdig gilt.

Bei der in diesem Zusammenhang vorgenommenen Einschätzung des Überschnei-
dungsrades vorliegender Informationsangebote wurde angegeben, daß insbesondere in dem Bereich Handels- und Investitionsförderung die vorliegenden Informationen von vielen Anbietern zur Verfügung gestellt werden.

----

* Eine detaillierte Synopse des bestehenden Informationsangebotes unter
  Nennung der Medien und Inhalte befindet sich im Anhang.

Einschätzung des Überschneidungsgrades der Informationsangebote staatlicher, halbstaatlicher und privater Anbieter in der BRD

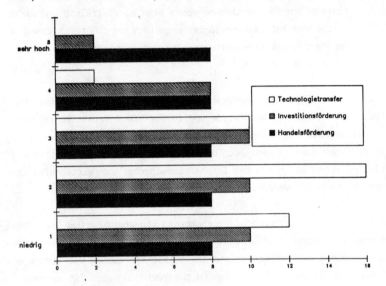

Quelle: isoplan-Expertenbefragung 1990
       (n = 42, K. A. = 2)

Insgesamt gesehen zeigt das gegenwärtig bestehende Informationsangebot,
daß sowohl auf Bundes- wie Länderebene bei einer Vielzahl von Einrichtungen vielfältige und z. T. tiefgegliederte Informationsangebote zur
Verfügung stehen.

Die Angebotspalette reicht dabei vom länderspezifisch spezialisierten
kleinen Fachverlag bis hin zur Bundesstelle für Außenhandelsinformation
mit ihren umfangreichen, weltweit angelegten Printmedien und online-Da-
tenbanken.

Die Bestandsaufnahme des Informationsangebots führt eindeutig zu der Feststellung, daß bei gründlicher und intensiver Nutzung des Angebotes so gut wie keine Informationslücken offenbleiben. Vom aktuellen BSP in Bangladesch über die Importbestimmungen für Halbfertigwaren in Togo bis hin zum branchenspezifischen Überblick über den aktuellen Markt für Elektromotoren in der Türkei stehen Informationen zur Verfügung; nicht immer in gleicher Aktualität und Validität, was länderspezifische Informationen anbetrifft, dafür aber in einer großen Fülle und in unterschiedlicher Aufbereitungsform.

These 5: Der im Prinzip erfreulichen Feststellung eines umfassenden, tief gegliederten und weltweit orientierten Informationsangebotes zahlreicher deutscher staatlicher, halbstaatlicher und privater Institutionen steht, so die Ergebnisse bisher durchgeführter Untersuchungen und der neueren isoplan-Bestandsaufnahme, ein relativ geringer Nutzungsgrad durch Industrie und Handel, insbesondere jedoch der KMU gegenüber.

Für dieses Mißverhältnis zwischen Angebotsfülle auf der einen und beschränkter Nachfrage auf der anderen Seite gibt es eine Reihe von Gründen, die auf verschiedenen Ebenen angesiedelt sind.

> Unüberschaubarkeit des Informationsangebotes

Was unter dem Aspekt der Informationsvielfalt und -tiefe zweifellos positiv zu werten ist, nämlich die Fülle von Informationsangeboten und -quellen, erweist sich für den interessierten Unternehmer mit spezifischen Fragestellungen zunächst wohl eher als Labyrinth und unüberschaubares Geflecht.

Kaum ein Unternehmen ist in der Lage, die gesamte Angebotspalette staatlicher, halbstaatlicher oder privater Informationsanbieter zu überblicken, Institutionen mit wirtschaftlichen Informationen von jenen zu unterscheiden, die eher Informationen allgemeiner Art anbieten, die Validität und Aktualität der Informationen unterschiedlicher Einrichtungen zu prüfen.

Die aus der Sicht der Unternehmer zunächst verwirrende Vielfalt der Informationsanbieter ist insbesondere dann ein gravierender Punkt, wenn sie erstmalig einem spezifischen Informationswunsch nachgehen möchten und nicht bereits über Erfahrungen mit den für sie wichtigen Informationsanbietern verfügen, d. h. sich noch nicht in fortgeschrittenen Phasen von Projektverwirklichungen befinden.

Zur fehlenden Durchschaubarkeit des Informationsangebotes trägt neben der Vielfalt der Informationsformen (Printmedien unterschiedlicher Art, Informationsreisen, unterschiedliche Maßnahmen bei verschiedenen Förderungsträgern, EDV, etc.) ebenso bei, daß zum Teil Informationsangebote einer Vielzahl von Institutionen auf dem Anbietermarkt konkurrieren (z. B. Banken, Wirtschaftsdienste etc.).

Mit anderen Worten: Der nachfragende Unternehmer, der gewöhnlich einen spezifischen Informationsbedarf hat, um auf dieser Grundlage rasche und zielorientierte Entscheidungen zu treffen, steht einem nahezu lückenlosen Informationsangebot gegenüber, das zu entflechten ihm jedoch häufig nur schwerlich gelingt.

> Nicht bedarfsgerechte Aufbereitung des Informationsangebotes

Als mit der zum Teil unübersichtlichen Vielfalt des Informationsangebotes in Verbindung stehendes Problem muß nach allen vorliegenden Informationen und Analysen der Umstand gerechnet werden, daß die bei einer Vielzahl von Einrichtungen verfügbaren Informationen in Form und Inhalt nicht dem realiter gegebenen Bedarf angepaßt sind.

Unter formalen Gesichtspunkten als nicht bedarfsgerecht müssen viele
Informationen eingestuft werden, weil eine selektive Auswahl ggf. be-
nötigter Daten und Fakten nicht oder nur mit großem Zeitaufwand möglich ist. Dies ist insbesondere dann der Fall, wenn Informationspake-
te in Print- oder EDV-Form angeboten werden oder kostenpflichtige Periodika bezogen werden müssen.

Einzelnen Informationsanbietern wie etwa die BfAI mit ihren Datenbanken stehen mittlerweile grundlegende Selektionsmöglichkeiten bis hin
zur Ebene spezifisch nachgefragter Daten zur Verfügung; es stellt
sich hier jedoch sofort das Problem der Kosten bzw. der Akzeptanz dieser Form der Informationsvermittlung durch die Unternehmer.

Unter dem Aspekt inhaltlicher Mängel ist nach den Ergebnissen der iso-
plan-Kammerumfrage auch der auf Unternehmerseite weit verbreitete
Zweifel an der Zuverlässigkeit länderkundlicher Daten zu sehen. Zwar
werden, wie bekannt, bei der Sammlung nationaler Statistiken - etwa
in größeren Datenbanken oder beim Statistischen Bundesamt - Plausibi-
litätsberechnungen durchgeführt, um die Angaben nationaler Ämter zu
überprüfen. Gleichwohl bleibt aus Sicht der Unternehmer die Zuverlässigkeit solcher Daten zweifelhaft und damit die Orientierung unterneh-
merischer Entscheidungen ausschließlich an solchen Daten wenig geeignet und sinnvoll.

> Unzureichende zielgruppenspezifische Aufbereitung von Daten

Gegenüber Großunternehmen und multinationalen Konzernen mit langjähri-
ger internationaler Erfahrung bei der Nutzung vorliegender Daten für
strategische Unternehmensentscheidungen zeichnen sich KMUs durch eine
Reihe von Besonderheiten aus, die für die Beschaffung und Aufbereitung von Daten nicht unwichtig sind:

a) KMUs sind in der Regel auf ein hohes Maß an Flexibilität im nationalen wie internationalen Geschäft angewiesen;

b) die KMUs verfügen häufiger nicht über eigene Statistikabteilungen
   mit internationaler Erfahrung und professionellem Zugang zu benö-
   tigten Informationen;

c) in KMUs bestehen, bezogen auf die Komponenten Zeit und Erfahrung,
   deutlich weniger Möglichkeiten, angeforderte Daten nachträglich
   projekt- und entscheidungsbezogen aufzubereiten.

Mit anderen Worten: Der Zwang zur raschen Entscheidung, die fehlenden
personellen und fachlichen Kapazitäten für eine unternehmensinterne
weitere Aufbereitung von extern zugespielten Daten und Informationen
sowie, insbesondere in der Phase der Kontaktanbahnung und ersten wirtschaftlichen Außenorientierung von Unternehmen, die eher verwirrende
Fülle des Informationsangebotes, machen eine kurze, klare, aktuelle
und auf das unternehmerische Ziel hin orientierte Information unum-
gänglich, vorzugsweise in Form von Printmedien. Diesbezügliche Materialien für die Zielgruppe der KMU liegen in der so beschriebenen
Form kaum vor.

> Geringe Akzeptanz von Informationsvermittlern

Nahezu allen vorliegenden einschlägigen Untersuchungen zum Informationsbedarf und -verhalten der Wirtschaft ist zu entnehmen, daß im Be-
darfsfall gerne auf das allgemeine Informationsangebot staatlicher
Einrichtungen sowie der Organe der verfaßten Wirtschaft zurückgegriffen wird. Dies zeigen die wenn auch rückläufigen Anfragen bei Kammern
und Verbänden.

Eine deutlich geringere Akzeptanz seitens der Wirtschaftsunternehmen
ist jedoch dann zu verzeichnen, wenn es um Fragen der konkreten betrieblichen Entscheidung im Außengeschäft geht, d. h. wenn die Information ergänzt werden soll um eine Beratungskomponente. Staatlichen
Einrichtungen ohnehin und ihren Informationsvermittlern wird eine ge-
wisse Ferne von den praktischen Belangen der Wirtschaft unterstellt,
Beratungs- und Förderungsmaßnahmen gelten als zu wenig den wirtschaftlichen bzw. betrieblichen Erfordernissen angepaßt; Informationsvermittlern aus diesen Institutionen haftet das Image an, daß sie zu wenig "Praktiker" seien.

In wenn auch abgeschwächter Form trifft die geringere Akzeptanz auch
auf die Informationsvermittler der verfaßten Organe der Wirtschaft
zu. Außenwirtschafts- und statistische Abteilungen von Kammern und
Verbänden wird ein gewisses bürokratisches Eigenleben und damit eine
Abkehr von der wirtschaftlichen und betrieblichen Praxis attestiert.

Demgegenüber kommt ganz offensichtlich dem unmittelbaren Informationstransfer, wie er sich über einen Besuch oder die Teilnahme an einer
internationalen Messe ergibt, hohe Bedeutung zu, ebenso dem Informa-
tionskontakt mit befreundeten Unternehmen, die bereits über internationale Erfahrungen in der wirtschaftlichen Kooperation verfügen.
Hier glauben viele der KMU an einen stärkeren Praxisbezug und eine
höhere Entscheidungsrelevanz von Informationen.

> Hohe Preise für selektive Informationsrecherchen

Obwohl ein Großteil der von staatlichen Einrichtungen, verfaßten Orga-
nen der Wirtschaft und auch privatwirtschaftlichen Institutionen be-
reitgestellten Informationen in der Regel kostenlos zur Verfügung ge-

stellt werden, spielen Kostengesichtspunkte eine nicht unwesentliche
Rolle. Werden etwa außenwirtschaftlich orientierte Printmedien der
Banken oder Verbände noch zum Nulltarif angeboten, verlangt der regel-
mäßige Bezug von anderen Periodika zur außenwirtschaftlichen Situation im Einzelfall den Einsatz nicht unerheblicher finanzieller Mittel, ohne daß der Unternehmer als Abonnent Einfluß auf Inhalt und Zusammensetzung ihn interessierender Informationen hat.

Entsprechende finanzielle Förderungen staatlicher Einrichtungen etwa,
interessierten KMU den Bezug solcher Periodika für die Dauer eines
Jahres zu finanzieren, führten im Ergebnis dazu, daß nach Ablauf des
Förderungszeitraumes nur vereinzelt der Bezug aufrechterhalten wurde.

Auch wenn Beiträge dieser Art in der Größenordnung von 200,-- bis
500,-- DM/anno betriebswirtschaftlich kaum ins Gewicht fallen dürften, stellen sie doch eine nicht unwesentliche Hemmschwelle für
klein- und mittelständische Unternehmer dar.

Kostengesichtspunkte sind darüber hinaus insbesondere dann von ent-
scheidender Bedeutung, wenn es um selektive Informationsrecherchen in
bestehenden EDV-Datenbanken geht. Das Informationsangebot der Datenbanken ist gerade in den letzten Jahres erheblich ausgebaut worden;
man hat, durchaus im Interesse der nachfragenden Wirtschaft, Möglichkeiten und Wege der selektiven Datenrecherche (Menü-Bäume) auch auf
Branchenebene eröffnet. Gebühren für die Datenrecherchen sowie die
online - Kosten summieren sich jedoch sehr schnell.

Aus dem gegenwärtigen Preisgefüge erklärt sich auch die aus den iso-
plan-Recherchen sich ergebende deutlich geringere Akzeptanz von Datenbanken durch die mittelständischen Unternehmen gegenüber den klassi-
schen Printmedien.

Die Unsicherheit über die Praxis- und Entscheidungsrelevanz der ange-
forderten Daten bei gleichzeitig relativ hohen Kosten und Gebühren
schreckt viele Unternehmer ab, auf dieses Medium zurückzugreifen.

> Teilweise eingeschränkte Aktualität der Informationen

Die Aktualität der bei zahlreichen Institutionen vorliegenden Informationen hat in den letzten Jahres zweifellos zugenommen. Dies zum einen, weil die nationalen Rahmenbedingungen für die Sammlung von Daten in vielen Ländern der Dritten Welt sich verbessert haben, zum anderen, weil international tätige Institutionen von ihren Dependancen und ausländischen Firmensitzen einen raschen Informationstransfer sicherstellen können.

Fehlende Aktualität der Daten und Informationen ist daher grundsätzlich kein wesentliches Kriterium für eine unzureichende Akzeptanz seitens der KMU, kann jedoch im Einzelfall nach wie vor eine Rolle spielen. Selbst hochaktualisierte Datenbanken, die Außenwirtschaftsberichte von Banken und Sparkassen, die BfAI-Mitteilungen und die Periodika der Außenhandelskammern können sich nicht allen Ländern oder Branchen gleich stark bzw. gleichzeitig widmen. So kann es durchaus geschehen, daß Länder- und Brancheninformationen für ein Land X tagesaktuell sind, für ein Land Y dagegen lediglich zwei Jahre alte Informationen zur Verfügung stehen - ein Umstand, der im unternehmerischen Einzelfall negativ zum Tragen kommen kann.

> Noch unzureichende aktive Informationspolitik von Anbietern

Staatliche Einrichtungen der Informationsvermittlung, Kammern, Verbände sowie privatwirtschaftliche Unternehmen haben in den vergangenen Jahren Aktivitäten entwickelt, ihre Kapazität der Informationsvermittlung der eigenen Klientel oder interessierten Kreisen aus Wirtschaft und Gesellschaft vertraut zu machen.

Wie die Dokumentation des Informationsangebotes verdeutlicht hat, verfügen Kammern und Verbände ausnahmslos über eigene Periodika, in de-

nen auf bestehende Informationsangebote aufmerksam gemacht wird. Gleiches gilt für einen Großteil deutscher Banken und anderer Einrichtungen.

Eine Reihe von Aktivitäten wie Kammersprechtage, Unternehmerreisen sowie die branchenbezogene und regionale Konzentration der Kammern tragen dazu bei, auf die Nähe und Nutzbarkeit bestehender Informationsangebote aufmerksam zu machen. Der typische praktische Bearbeitungsfall
erfolgt jedoch nach wie vor als Reaktion auf Anfragen, d. h. im Anfra-
gefall wird das vorliegende Informationsangebot aufbereitet und dem
interessierten Unternehmen zur Verfügung gestellt.

Dies mag für einen Teil der Unternehmen durchaus ausreichend sein,
die klar umrissene Fragestellungen haben, branchen- und länderspezifisch international schon engagiert sind, nicht jedoch für das be-
trächtliche Potential von Unternehmen, die für ein Engagement in und
mit dem Ausland sensibilisiert werden müssen. Hier ergeben sich durchaus weitere Ansatzpunkte für eine aktivere Informationspolitik.

These 6: Die noch vor Jahresfrist zu hörende These, daß der Bedarf des
          Mittelstandes an Informationen und Unterstützung wächst,
          scheint angesichts der veränderten Rahmenbedingungen in der
          DDR und darüber hinaus überholt.

          Es läßt sich jedoch eine klare Unterscheidung treffen zwischen
          artikuliertem Interesse bzw. der aktuellen Nachfrage und dem
          mobilisierbaren Interesse und dem tatsächlichen Bedarf.

          Trotz veränderter regionaler Prioritäten wird das zur Zeit
          nach Ansicht aller Experten stark abnehmende Interesse an ei-
          ner Kooperation mit Entwicklungsländern zumindest "weniger
          rückläufig" sein oder stabilisiert werden können, wenn es ge-
          lingt, praxisorientierte und unternehmerisch erfolgverspechen-
          de Informationen zu vermitteln.

Wie die Ergebnisse der isoplan-Expertenbefragung zeigen, wird zur Zeit
das "Nachfragepotential" der mittelständischen Wirtschaft nach Informationen über Möglichkeiten der wirtschaftlichen Zusammenarbeit mit Entwicklungsländern überwiegend als "sehr niedrig" eingeschätzt.

Gegenüber der Flut von Anfragen über Kooperationsmöglichkeiten in der
DDR wird das Thema "Entwicklungsländer" absolut in den Hintergrund ge-
drängt. Dennoch zeigt sich vor dem Hintergrund früherer Untersuchungen*,
daß ein Exportengagement deutscher Unternehmer durch eine verbesserte
Vorinformation durchaus gesteigert werden kann - ein Beleg dafür, daß es
trotz des hohen Informationsangebots bislang offensichtlich nicht gelungen ist, die Zielgruppe der mittelständischen Unternehmen in geeigneter
Form tatsächlich zu erreichen.

----

* Vgl. etwa
Blöchle, Jürgen: Das außenwirtschaftliche Informations- und Beratungs-
wesen der IHK Rhein-Neckar, Diplomarbeit, Mannheim 1983;
Hämer und Partner GmbH: Gutachten zur Untersuchung des Bedarfs an Au-
ßenwirtschaftsinformationen bei mittelständischen Unternehmen, im Auftrag des Ministeriums für Wirtschaft, Mittelstand und Verkehr Baden-
Württemberg, Stuttgart 1984;
Forschungsstelle für empirische Sozialökonomik/Prof. G. Schmölders
(Hrsg.): Direktinvestitionen mittelständischer Unternehmen in Schwel-
lenländern, Köln 1987;
Schwarting, U., u. a.: Nachfrageverhalten kleiner und mittlerer Unternehmen nach Außenhandelsinformation und -beratung, eine Umfrage im Bereich der IHK zu Münster, Göttingen 1985

These 8: Dem praktischen Informationsverhalten der KMU wurde bislang
nicht ausreichend Rechnung getragen.

Dies betrifft sowohl die zielgruppenspezifische Aufbereitung
von Informationen als auch die Berücksichtigung der Inanspruch-
nahme verschiedener Informationsmittler durch die KMU in den
unterschiedlichen Phasen der Erstinformation, Projektwahl und
Projektdurchführung (von der Tagespresse in der Frühphase bis
zu dem Unternehmensberater eigener Wahl und des Vertrauens in
der Realisierungsphase) bzw. bei den unterschiedlichen Formen
eines möglichen Engagements in Entwicklungsländern (Export, Im-
port, Investition, Technologietransfer).

"Firmen ohne Auslandserfahrung" beziehen ihre Kenntnisse - auch über
denkbare Absatzmärkte im Ausland - über Lokalzeitungen, das Fernsehen,
den Rundfunk sowie Branchendienste.

Exporteure hingegen nutzen spezielle Informationsquellen wie Branchendienste, überregionale Tageszeitungen, Fachzeitschriften, Außenwirt-
schaftsinformationen der Industrie- und Handelskammern, Fachliteratur
und ähnliches mehr.

Entsprechend den Unterschieden im Informationsverhalten sind auch die Anforderungen der beiden Gruppen an das Informationsangebot nur schwer ver-
gleichbar: Firmen mit Auslandspraxis fordern naturgemäß praxisnahes fach-
- und fallspezifisch aufbereitetes Material über Absatzchancen auf
Auslandsmärkten, Vertriebswege im Ausland, potentielle Geschäfts- und Ansprechpartner sowie rechtliche, technische und sonstige Vorschriften der
Absatzländer. Potentiellen mittelständischen Exporteuren ist in erster
Linie Wissen über allgemeine Verkaufsmöglichkeiten im Ausland nahezubrin-
gen, das - soll es den Charakter einer Initialzündung erhalten - unbe-
dingt über die genutzten Informationskanäle zu transportieren ist.

Wiewohl die vorliegenden Untersuchungen sich vornehmlich mit der Frage
eines Exportengagements befassen, dürften die Ergebnisse auch auf andere
Formen der Kooperation mit Entwicklungsländern übertragbar sein. Erstkon-
takte und "Frühinformationen" basieren häufig auf persönlichen Kontak-
ten, Messebesuchen, Reisen in das entsprechende Land oder Meldungen in
Presse, Funk und Fernsehen.

Tabelle   Anlässe für erste Auslandskontakte*

Anlässe der ersten Auslandskontakte	Unternehmen absolut	Antworten in % der Nennungen
Initiative der Abnehmer	57	21,0
Messekontakte	49	18,1
Reisen ins Exportland	46	17,0
Private, gewachsene Kontakte	29	10,7
Sonstige Anlässe	23	8,5
Tip eines befreundeten Unternehmens	16	5,9
Unbekannt, da zu lange zurückliegend	14	5,2
Orientierung an der Konkurrenz	12	4,4
Zufall	10	3,7
Anregung durch die Fachpresse	7	2,6
Erfahrungsaustausch auf internationalen Tagungen und Seminaren	6	2,2
Externe Beratung, Consultants	2	0,7
Insgesamt	271	100,0

* Mehrfachnennungen möglich; Zahl der antwortenden Unternehmen: 118.

Quelle: Kitterer, Exporthandbuch, a. a. O., S. 13/49

Exportinteressierte oder prinzipiell interessierte Firmen wenden sich in
erster Linie an die Industrie- und Handelskammern, die zuständigen Fach-
verbände oder auch ihre Hausbanken.

TABELLE   Mögliche Informationsquellen der exportinteressierten Unternehmen
(Nicht-Exporteure)

Informationsquellen	Unternehmen absolut	Antworten der Unternehmen in %	Antworten in % der Nennungen
Industrie- und Handels-kammer	16	64,0	18,0
Verbände	12	48,0	13,5
Kreditinstitute	10	40,0	11,2
Messen	9	36,0	10,1
Hermes Kreditversiche-rungs-AG	8	32,0	9,0
Befreundete Unternehmer	8	32,0	9,0
Im Ausland selbst (z.B. Reisen)	6	24,0	6,7
Botschaften, Konsulate	5	20,0	5,6
Bundesstelle für Außen-handelsinformation (BfAI)	4	16,0	4,5
Verband der Vereine Cre-ditreform e.V.	3	12,0	3,4
Handelshäuser	2	8,0	2,3
Zollämter	2	8,0	2,3
Sonstige Stellen	2	8,0	2,3
Spedititonen	1	4,0	1,1
Informationsaustausch auf internationalen Tagungen	1	4,0	1,1

Quelle: Schwarting, a. a. O., S. 49

Entwicklungsländererfahrene Firmen zeigen demgegenüber eher ein "aktives
Suchverhalten" im Ausland selbst: Die Informationsquellen, die von erfahrenen Exporteuren genutzt werden, sind in der Reihenfolge ihrer Häufigkeit*:

1. Information im Ausland selbst,
2. Besuch von Messen und Ausstellungen,

----

*   Zitiert nach Schwarting, U. et al. Nachfrageverhalten, a. a. O.,
    S. 37

3. Rat von Kreditinstituten,
4. Gespräch mit befreundeten Unternehmern,
5. Kontakt mit Spediteuren,
6. Rat von Verbänden,
7. Kontakt mit Zollämtern,
8. Rat von Industrie- und Handelskammern,
9. Rat der Hermes Kreditversicherungs AG,
10. Kontakt mit Botschaften, Konsulaten,
11. Kontakt mit dem Verband der Vereine Creditreform e. V.,
12. Informationsaustausch auf internationalen Tagungen,
13. Kontakt mit Handelshäusern,
14. Bundesstelle für Außenhandelsinformationen BfAI,
15. Landes- und Bundesministerien,
16. sonstige Informationsstellen (z. B. RKW, Ländervereine).

Ein wesentlicher Themenkomplex aller bislang vorliegenden Studien widmet sich der Frage, welche Art von Auskünften inhaltlich vorrangig nachgefragt wird. Praktisch alle Untersuchungen, auch die isoplan-Expertenbefragung Anfang 1990, kommen dabei zu ähnlichen Rangordnungen bezüglich der inhaltichen Nachfrageschwerpunkte:

44

Themenschwerpunkte der Auskünfte	Anzahl gesamt	Art der Auskünfte							
		A	B	C	D	E	F	G	H
Länder- und Markt-informationen	223	190	12	1	-	7	10	-	3
Adressen- und Kontaktwünsche	67	1	41	-	24	-	1	-	-
Rechts- und Ver-fahrensfragen	56	-	1	45	-	10	-	-	-
Kooperations-vermittlungen	25	19	1	-	5	-	-	-	-
Messen und Ausstellungen	21	3	-	-	-	1	-	14	3
Ausschreibungen und Projekte	7	7	-	-	-	-	-	-	-
Exportförderungs-programme	7	-	-	-	-	-	-	-	7
Sonstige (z.B. Ex-portversicherung)	20	1	-	-	-	10	9	-	-
Summen	426	221	55	46	29	28	20	14	13

Legende:
A: Informationsmaterial aus verschiedenen Quellen (z.B. BfAi, DIHT, AHK'n und eigenes)
B: Adressen von Verbänden, Organisationen, Bezirksfirmen etc.
C: Auszüge aus Zollgesetzen, -tarifen, EG-Verordnungen etc.
D: Veröffentlichung der Kontaktwünsche (z.B. Handelsvertreter) in Kammerpublikationen
E: Problemspezifische Exportberatung
F: Sonstige (z.B. Weitervermittlung an exporterfahrene Unternehmen)
G: Messetermine, -orte, -gebühren, Veranstalter etc.

Quelle: Blöchle, J., a. a. O., S. 92

Nachfrageschwerpunkte der Anfragen mittelständischer Unternehmen

Ergebnisse der Anbieterbefragung (n = 42) isoplan

Themenschwerpunkte in der Reihenfolge der Nennungen:

1. Marktinformationen über Exportchancen in Entwicklungsländern
2. Förderung von deutschen Exporten in Entwicklungsländer
3. Förderung von Direktinvestitionen in Entwicklungsländern
4. Garantien und Bürgschaften des Bundes und der Länder
5. Einzelfragen über Zoll- und Importbestimmungen
6. Allgemeine länderkundliche Informationen über Entwicklungsländer
7. Technologietransfer
8. Importe aus Entwicklungsländern
9. Beratungsmaßnahmen
10. Sonstiges

Tabelle

Anzahl, Themenschwerpunkte und Art der schriftlichen Auskünfte der Außenwirtschaftsabteilung vom 1. Jan. - 30. Juni 1982

These 9: Zumindest in der Phase der "Sensibilisierung" sind es ganz eindeutig konkrete Informationen über Absatzmarktchancen, die den
KMU in erster Linie interessieren und ggf. mobilisieren. Zweit-
rangig interessieren "Risiko-Informationen" (Hinweise auf praktische geschäftliche "Falltüren" im Entwicklungsland wie Finan-
zierungsfragen, Zollprobleme etc. und deren Vermeidung bzw. Absicherung).

Alle weiteren Informationsangebote treten in ihrer Relevanz dagegen zurück bzw. werden für den KMU erst für den Fall bedeutsam, daß er sich bereits für ein Engagement entschieden hat.

Die Bereitstellung allgemeiner Länderinformationen erscheint
auf diesem Hintergrund ein wenig erfolgversprechender Weg der
Mobilisierung von KMU. Gleiches gilt für die Bereitstellung
allzu detaillierter technischer Einzelinformationen (das Angebot hierzu ist an vielen Stellen vorhanden und wird ohnehin
dann genutzt, wenn es wirklich relevant wird).

These 10: Trotz positiver Einschätzung der Entwicklung elektronischer Medien (Datenbanken, Btx etc.) sind es nach wie vor aktuelle,
schriftliche Kurzinformationen, die durch die Zielgruppe ge-
wünscht und akzeptiert werden.

Interessant ist in diesem Zusammenhang die Reihenfolge der Informationsformen, die nach Ansicht der durch isoplan befragten Experten die höchste Akzeptanz finden: Nach schriftlichen Kurzinformationen und persönlichen Beratungsgesprächen steht an 3. Stelle die Vermutung, daß informel-
le Informationswege (Mund-zu-Mund-Propaganda) die höchste Bedeutung haben.

Welche Form der Informationsaufbereitung findet bei KMU die höchste Akzeptanz?

(Ergebnisse der Anbieterbefragung, n = 42) isoplan-Befragung 1990

<table>
<tr><td></td><td></td><td>Zahl der Nennungen
(3 Nennungen möglich)</td></tr>
<tr><td>1.</td><td>Rundbriefe, aktuelle, kurzge-
faßte Infodienste</td><td>38</td></tr>
<tr><td>2.</td><td>Beratungsgespräche</td><td>28</td></tr>
<tr><td>3.</td><td>Keiner der genannten Wege, die
höchste Akzeptanz haben infor-
melle Informationswege bzw. die
Mund-zu-Mund-Propaganda</td><td>20</td></tr>
<tr><td>4.</td><td>Seminare/Informationsveranstaltungen</td><td>20</td></tr>
<tr><td>5.</td><td>EDV-Datenbanken</td><td>4</td></tr>
<tr><td>6.</td><td>Audio-visuelle Medien</td><td>2</td></tr>
<tr><td>7.</td><td>Info-Reisen in Entwicklungsländer</td><td>2</td></tr>
<tr><td>8.</td><td>Handbücher</td><td>2</td></tr>
<tr><td>9.</td><td>Broschüren</td><td>0</td></tr>
<tr><td>10.</td><td>K. A.</td><td>4</td></tr>
</table>

Nicht gering wird die sprachliche Barriere im Hinblick auf die Nutzung
vorhandener Informationsangebote eingeschätzt: Nur 5 von 42 befragten Experten sind der Meinung, daß die Akzeptanz fremdsprachlicher Broschüren/
Informationen gleich hoch sei wie die deutschsprachiger Publikationen.

Eine wichtige Frage im Rahmen der isoplan-Umfrage galt, auf dem Hintergrund der Tatsache, daß vor allem Kammern, Banken und sonstige Anbieter
vornehmlich "Länderinformationen" veröffentlichen, der Beurteilung der
Akzeptanz von länderspezifischen Informationen gegenüber branchenspezifischen Informationen. Auch hier ist das Ergebnis recht eindeutig:

> Gegenüber einer "länderbezogenen Informationsaufbereitung" geben ein-
deutig die überwiegende Mehrheit der befragten Experten und Firmen
der branchenbezogenen Aufbereitung den Vorzug.

Wie sollten Informationen inhaltlich aufbereitet sein?
(Ergebnisse der Anbieterbefragung, n = 42)

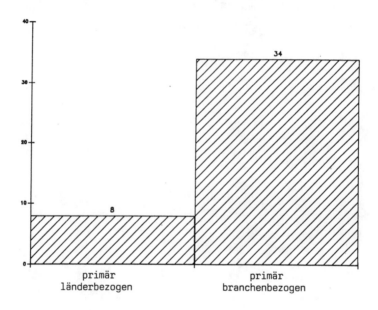

Aus der Sicht der Unternehmen ist diese Einschätzung unmittelbar ein-
leuchtend: ihr Interesse ist "produktorientiert", nur in Ausnahmen an
einzelnen Ländern ausgerichtet.

In eben diesem Punkt dürfte die eigentliche Schwachstelle der derzeit
verfügbaren Informationsangebote liegen: "länderkundliche Informationen"
und länderbezogene außenwirtschaftliche Informationen sind sicher von ho-
hem Interesse und vielleicht auch von Nutzen für jene Unternehmen, die

sich bereits in irgendeiner Form, sei es in einem joint venture, in der Beschaffung oder im Absatz, in einem Entwicklungsland engagiert haben. Als Mittel der Mobilisierung von Kooperationspotentialen sind sie wenig geeignet, dies vor allem in einer Zeit der Hochkonjunktur und mit Blick auf die wesentlich leichter und näherliegenden erschließbaren Märkte des europäischen Binnenmarktes und der östlichen Nachbarstaaten.

LÄNDERKUNDE UND WISSENSCHAFT AUS DER SICHT DER GEOGRAPHIE

Von K. Engelhard

Seit dem 37. Deutschen Geographentag 1969 in Kiel ist die Länderkunde, die bis dahin als die Krone der Geographie galt, zu einem Problemfall in der fachwissenschaftlichen und fachdidaktischen Diskussion geworden. Die These Arnold Schützes, Lüneburg "Allgemeine Geographie statt Länderkunde" (GR 1970) und die Gegenthese J. Birkenhauers "Die Länderkunde ist tot, es lebe die Länderkunde" (GR 1970) bringen die kontroversen Positionen am Ende der 1960er Jahre zum Ausdruck. Zwar hat sich die Forderung einer Gruppe von Geographiestudenten auf dem Kieler Geographentag, die Länderkunde abzuschaffen, weil sie nur idiographischer Betrachtung zugänglich und damit unwissenschaftlich sei, nicht durchgesetzt. Umso heftiger wurde die Kontroverse auf der Ebene der fachwissenschaftlichen Diskussion ausgetragen. Deren Exponenten waren auf der einen Seite D. Bartels und G. Bahrenberg, die der Länderkunde Wissenschaftsrang absprachen, und E. Wirth auf der Seite der Befürworter der Länderkunde.

Inzwischen hat ein gewisser Klärungsprozeß stattgefunden, wenn auch ein völliger Konsens unter den Geographen noch nicht erreicht werden konnte. De facto hat in jüngster Zeit die Länderkunde in Fachwissenschaft und Fachdidaktik wieder eine feste Position eingenommen und eine Aufwertung erfahren. Sowohl in den Lehrplänen der Schulen als auch im Lehrangebot

der Universitäten hat die Länderkunde wieder einen festen Platz erhalten; und die wachsende Zahl an Länderkunden in länderkundlichen Reihen
(Wiss. Länderkunden der Wiss. Buchgemeinschaft Darmstadt, Klett-Länder-
profile, UTB) zeugt von dem bestehenden Abnehmerbedarf.

Aber nicht nur aus Bedarfsgründen hat die Länderkunde eine Chance; auch
nach dem derzeitigen wissenschaftstheoretischen Erkenntnisstand hat sie
eine gesicherte Basis.

Die Thesen, die den Wissenschaftscharakter der Länderkunde bestreiten,
vernachlässigen spezifisch raumrelevante Aspekte der Lebenswirklichkeit.
Lebenssituationen vollziehen sich in der konkreten räumlichen und gesellschaftlichen Wirklichkeit; und sie stehen im Kontinuum der Zeit. Geographie und in ihrem Rahmen Länderkunden vermitteln nicht nur gesetzmäßige
Erkenntnisse, sondern auch Handlungsfähigkeit in der Lebenswirklichkeit.
Darin liegt ihr gesellschaftlicher Auftrag. Aus dieser Sicht kommt es darauf an, aus der Fülle der räumlich, gesellschaftlich und historisch unterschiedlichen regionalen Gegebenheiten jene auszufiltern, die als gesellschaftlich bedeutsam gelten. Was als bedeutsam gilt, hängt in 1.
Linie von der Interessen- und Bewertungsperspektive des Wissenschaftlers
bzw. der jeweiligen Wissenschaft ab.

Die Mißverständnisse in bezug auf die Zuordnung von Allgemeiner und Re-
gionaler Geographie resultieren aus der Vorstellung von einem vorgegebenen, klar abgegrenzten und definierten Forschungsobjekt, der Geosphäre. Diese Vorstellung ist wissenschaftstheoretisch nicht haltbar,
denn wissenschaftliche Gegenstände sind von Frageweisen abhängig. Frageweisen aber können sich ändern, und somit sind die wissenschaftlichen Gegenstände relativierbar. Den Unterschied zwischen komplexer Wirklichkeit
und wissenschaftlichem Gegenstand hat der Salzburger Geograph Weichhart
(1975) präzisiert, indem er auch begrifflich zwischen Realobjekt und Erkenntnisobjekt unterscheidet. Unter Realobjekt wird der Realitätsbereich
verstanden, mit dem sich eine Wissenschaft befaßt, in der Geographie die

Geosphäre, Erkenntnisobjekt ist der am Gegenstand interessierende Aspekt, die spezielle Fragestellung einer Wissenschaft. Da aber die Geosphäre als Realobjekt der Geographie den Objektbereich anderer Realwis-
senschaften (z. B. Bodenkunde, Hydrologie, Agrarwissenschaften, Wirtschaftswissenschaften) mit einschließt, sind Definition und Abgrenzung
der Geographie gegenüber ihren Nachbarwissenschaften nur von ihrem Erkenntnisobjekt her möglich. Dabei ist zu bedenken, daß alle Erkenntnis
vom Menschen abhängig ist, d. h. daß das Erkenntnisobjekt einer Wissenschaft nicht automatisch mitgegeben ist, sondern rein pragmatische Fest-
setzung ist und sich im Laufe der Zeit ändern kann.

Das Erkenntnisinteresse der Geographie ist zunächst auf die räumliche
Verteilung und Ordnung von Objekten auf der Erdoberfläche und ihre Erklärung ausgerichtet. Dabei gelten die Merkmale der einzelnen räumlichen Objekte sowie das Muster ihrer Anordnung zunächst als regional-spezifisch
(einmalig)=regional-geographisch-idiographischer Aspekt.

Ziel wissenschaftlichen Handelns aber ist es, merkmalsgleiche/-ähnliche
Objekte zu Klassen zusammenzufassen und den zu erklärenden singulären
Sachverhalt als Ergebnis von Gesetzmäßigkeiten auszuweisen = allgemein-
geographisch-nomothetischer Aspekt.

Eine solche Erklärung erfaßt aber niemals den konkreten Sachverhalt in
seiner Gesamtheit, sondern immer nur ausgewählte Aspekte (Erkenntnisob-
jekte). "Eine kausale Erklärung eines bestimmten spezifischen Ereignis-
ses zu geben, heißt einen Satz, der dieses Ereignis beschreibt, aus zwei
Arten von Prämissen abzuleiten: aus universalen Gesetzen und aus singulären Sätzen" (Popper 1974, S. 96). Daraus folgt, daß das Entweder-Oder
"Allgemeine Geographie-Regionale Geographie" oder nomothetisch-idiogra-
phische Betrachtung unergiebig ist. Allgemeine Geographie-Regionale Geo-
graphie/Länderkunde sind korrelate, aufeinander bezogene Denkweisen. Beide Betrachtungsweisen sind unter dem Aspekt der Lebensbedeutsamkeit un-
verzichtbar. Es gibt keine allein auf Gesetzmäßigkeiten reduzierte Wirk-

lichkeit und keine nur auf Singularitäten beschränkte Wirklichkeit. In der Wirklichkeit korrespondieren stets allgemeingeographische und regionalgeographische = singuläre Aussagen miteinander; sie sind nur analytisch auseinanderzuhalten. Weder die Gewinnung noch die Überprüfung allgemeiner geographischer Aussagen ist ohne den konkreten Raumbezug möglich. Und für die Prognose von Ereignissen sowie für den Transfer von Gesetzmäßigkeiten hat die Komplementarität von Gesetzmäßigkeit und individueller Merkmalseigenschaften besondere Bedeutung, denn eine Anwendung von allgemeingültigen Erkenntnissen auf neue Situationen gelingt nur bei gleichzeitiger Berücksichtigung der spezifischen Bedingungen.

Es bleibt festzuhalten: Nomothetische und idiographische Betrachtungsweise sind zwar verschiedene, aber auf ein und dasselbe Objekt gerichtete und aufeinander bezogene korrelate Denkweisen. Allgemeine Geographie und Regionale Geographie/Länderkunde sind Komplementärbegriffe. Welcher Aspekt jeweils dominiert, hängt vom jeweils erkenntnisleitenden Interesse ab. Auch Länderkunde läßt sich nicht auf singuläre Sachverhalte und Ereignisse reduzieren. Länderkunde ist wissenschaftlichen Erkenntnisweisen zugänglich und in ihren Ergebnissen Ausdruck wissenschaftlicher Erkenntnisprozesse.

Zu lösen ist die Frage der Inhaltsauswahl und der inhaltlichen Strukturierung. Unbestritten ist die auf der analytischen Wissenschaftstheorie basierenden Auffassung, daß regionale Geographie angewandte Allgemeine Geographie sei (Wirth 1978, Bahrenberg 1979). Andererseits wird dabei Allgemeingültiges reduziert auf universell Gültiges, d. h. auf deterministische Gesetzmäßigkeiten/Kausalgesetzmäßigkeiten.

Die Auswahlkriterien einer anwendungsbezogenen Regionalen Geographie stammen jedoch nicht aus dieser selbst; sie ergeben sich vielmehr aus den jeweils aktuellen, gesellschaftlich bedeutsamen Fragestellungen der Allgemeinen Geographie und ihrer Nachbarwissenschaften, m. a. Worten, Länderkunde ist, je komplexer ihre Fragestellungen sind, auf interdiszi-

plinäre Zusammenarbeit angelegt/angewiesen. Sofern Länderkunde ihren Anspruch auf Erfassung der "Totalität" aufgibt und sich an eingegrenzten
Problemstellungen, die das Erkenntnisobjekt darstellen, ausrichtet, kann
ihr der Wissenschaftscharakter nicht abgesprochen werden.

Für die inhaltliche Strukturierung länderkundlicher Darstellungen sind
zwei Aspekte von Bedeutung:

1. Die zu untersuchenden und darzustellenden Probleme/Inhalte bedürfen
   eines Aufbaus vom Elementaren/Simplexen zum Komplexen, um dem Abneh-
   mer Strukturen und Beziehungszusammenhänge deutlich/einsehbar zu
   machen.

2. Besondere Beachtung verdient das Maßstabsproblem, denn die Wahl der
   Maßstabsebene (lokal, national, international, mondial) hängt nicht
   nur von der jeweiligen Fragestellung und den zur Problemlösung zu
   wählenden Methoden ab. Beim nomothetischen Analyseansatz greifen
   nicht selten Frageaspekte und Theorieelemente über den gewählten Ab-
   grenzungsrahmen hinaus, indem internationale und interkulturelle Be-
   ziehungszusammenhängen zur Erklärung lokaler/regionaler Phänomene
   einbezogen werden müssen. Regionale Darstellungen kommen in der Regel nicht aus ohne den Bezug zur nationalen/internationalen globalen
   Maßstabsebene.

Kommt der Mensch mit ins Spiel, und das ist bei länderkundlichen Untersuchungen und Darstellungen in der Regel der Fall, so sind die an der analytischen Wissenschaftstheorie orientierten Auswahlkriterien (Beschrän-
kung auf deterministische Gesetzmäßigkeiten) für die Bestimmung länderkundlicher Inhalte nicht hinreichend, denn das analytische Wissenschafts-
verständnis ist auf reines Erkennen ausgerichtet. Der Gegenstand wissenschaftlichen Erkennens wird eingeschränkt auf Sachverhalte, die analy-
tisch-operational erfaßbar sind (= Wertfreiheit); die moralische, soziale oder politische Wertung von Sachverhalten, menschliches Handeln steu-

ernde Normen und alltägliche Lebenspraxis werden als der wissenschaftlichen Analyse und Erklärung nicht zugänglich ausgeklammert. Länderkunde
als angewandte, auf Handlungsfähigkeit zielende Teildisziplin braucht eine über die analytische Wissenschaftstheorie hinausgehende wissenschaftstheoretische Grundposition, eine Grundposition, deren Bemühen zentral
der Frage nach den Bedingungen menschlichen Handelns gewidmet ist.

Aus handlungstheoretischer Sicht läßt sich die vorfindbare räumliche Ordnung der Kulturlandschaft in ihrer je spezifischen räumlichen/regionalen
Ausprägung als Folge menschlichen Handelns auffassen. Sinngemäß gilt diese Auffassung auch für gegenwärtige und künftige Raumnutzungen. Im Gegensatz zum Erkennen, das die Welt betrachtet, wie sie ist, und sich mit
Aussagen begnügt, ist Handeln darauf gerichtet, die Welt zu verändern
(Seiffert 1985, Bd. 3). Dabei orientiert sich das Handeln des Einzelnen
über subjektive Sinngehalte hinaus - bei gemeinsamer Verfolgung gleicher
Zwecke - an gesellschaftlichen Normen, Handlungsweisen, die sich an sta-
bilen Normensystemen ausrichten, laufen regelhaft ab, lassen sich in ihrem Erscheinungsbereich als allgemeingültig ausmachen und als nach Wahr-
scheinlichkeitsgesetzen/statistischen Gesetzen ablaufend behandeln. Im
Gegensatz zum methodischen Prinzip der Kausalität der Naturwissenschaften erfordert die Begründung praktischer Handlungsorientierung das methodische Prinzip der Sinnrationalität, d. h. Zurückführung menschlichen
Handelns auf Grund-Folge-Relationen (und die Anwendung hermeneutischer
Methoden).

Die Bindung gemeinsamen Handelns an kulturspezifische Normen erlaubt
nicht nur die räumliche Abgrenzung benachbarter Zwecksysteme, sie be-
dingt auch regional räumliche Ordnungsmuster; denn "im Gegensatz zu den
Gesetzen der Naturwissenschaften, die kulturinvariant sind, ändern sich
die Normen kulturkovariant" (Sedlacek 1982, S. 205 f). Damit lassen sich
auf menschliches Handeln zurückführbare räumliche Ordnungsmuster auch
als kulturbedingt identifizieren. Kulturräumliche Ordnungsgefüge sind somit primär kultur- und gesellschaftsbedingt; dem naturräumlichen Gefüge

kommt dabei im Einzelfall zwar eine nicht unbedeutende, aber dennoch nachgeordnete modifizierende Funktion zu.

Raumbezogenes Handeln hat aber nicht nur eine räumliche und zeitlich-historische Komponente, seine Sinngebung erfährt es aus den jeweils vorhandenen gesellschaftlich-kulturellen Bedingungen. Infolgedessen kann sich die Erklärung (kultur)räumlicher Ordnungsmuster auch nicht auf räumlich-distanzielle und raumzeitliche Begründungen und Theorien beschränken; die sie bedingenden normenorierten Handlungsweisen erfordern eine Ausweitung auf kultur- und sozialwissenschaftliche Erklärungsansätze.

Stellt man menschliche Bedürfnisse, Entscheidungen und Handlungen in den Mittelpunkt fachwissenschaftlicher und -didaktischer Bemühungen, erhalten regional begrenzte und fixierte raumzeitliche Invarianzen der Wirklichkeit erhöhte Bedeutung. Als Ergebnis normengeleiteten Handelns sind begrenzte kulturspezifische räumliche Ordnungsgefüge und Prozesse exemplarischer Erschließung zugänglich, denn das im Weltrahmen kulturspezifisch Besondere läßt sich innerhalb seiner Grenzen auch auf Allgemeingültiges, auf normengeleitetes Handeln zurückführen. Die Wissenschaftstheorie billigt solche allgemeingültigen Erscheinungen mit eingeschränktem räumlichen und zeitlichen Gültigkeitscharakter durchaus Gesetzescharakter zu (Weichhart 1975, S. 23).

Jedoch muß einschränkend festgestellt werden: Länder, Staaten, Kulturerdteile bilden für sich allein/isoliert genommen keine ausreichende Erklärungsgrundlage; in unserer Zeit globaler Beziehungszusammenhänge können Länder nicht mehr isoliert gesehen werden. Umgekehrt zeigt die weltweite Tendenz "regionalistischer Bewegungen" (Stiens 1980), daß das Regionale/Besondere als politische Kraft dazu ein Gegengewicht bildet. Begriffe wie "Autozentrierte Entwicklung", "Entwicklung von unten", "Dezentralisierung", "Kulturelle Identität", "Identitätsraum", "Self Reliance" bringen diese Gegenbewegung zur Internationalisierung und Nivellierung zum Ausdruck. Länderkunde muß beide Phänomene aufarbeiten. Die Befähigung zu verantwortlichem raumbezogenem Handeln erfordert auch im Rahmen der Geographie immer auch die Berücksichtigung der gesellschaftlich-kulturell-politischen Bedingungen, die auf unterschiedlichen Maßstabsebenen angesiedelt sind.

In besonderer Weise wird das Systemkonzept der Verknüpfung nomothetisch-allgemeingeographischer Sichtweisen und idiographisch-regionalgeographischer Aspekte gerecht. Hinzu kommt darüber hinaus, daß das Systemkonzept auch eine solide Grundlage bietet für die Verknüpfung räumlicher - zeitlich-historischer und gesellschaftlicher Komponenten (im weitesten Sinne) im Rahmen der Länderkunde:

1. Ausgehend von ausgewählten Fragestellungen zielt es, ohne singuläre (regionale) Randbedingungen aus dem Systemzusammenhang auszuklammern, auf allgemeingültige Erkenntnisse. Mit der Herausarbeitung von Wechselbeziehungen zwischen verschiedenen Systemelementen und des Verhaltens zu ihrer Umwelt wird dem Komplementärcharakter von nomothetischen und idiographischen Merkmalseigenschaften Rechnung getragen.

2. Die Zerlegbarkeit in (problemspezifische) Teilsysteme gestattet einerseits die Konzentration auf räumliche Teilbereiche und Konzepte, andererseits gewährleistet die Ergänzung des systemanalytischen durch den systemtheoretischen (ganzheitlichen) Ansatz auch die Einbeziehung sozialer, ökonomischer und kultureller (Teil-)Systeme. Damit kann der Systemansatz die Geographie nicht nur vor einer Abkopplung von der Entwicklung der empirischen und normativen Wissenschaften und dem Weg in eine Sackgasse bewahren, er vermag umgekehrt auch, räumliche Elemente und Teilsysteme verstärkt in die sozial- und wirtschaftswissenschaftliche Theoriebildung und Methodik einzubringen.

3. Handlungsfähigkeit in der komplexen Wirklichkeit setzt das Verständnis handlungsbezogener Zusammenhänge voraus. Das Systemdenken und

seine Hierarchisierung (vgl. Köck 1985) bieten Ansatzpunkte für eine
handlungsbezogene Wirklichkeitserfassung und -bewältigung. Dabei erhält die Analyse von Eingriffen in Systemzusammenhänge sowie von Stö-
rungen des systemaren Fließgleichgewichts und der daraus resultieren-
den Folgen besondere Aufmerksamkeit (vgl. dazu Klaus 1985, Köck
1985).

Mit der Erörterung der 3 konzeptionellen Ansätze, die ein Komplementär-
verhältnis bilden und keinen Gegensatz darstellen, scheint mir bereits
eine Teilantwort der an die Wissenschaft gerichteten Fragen der Grund-
satzüberlegungen gegeben zu sein:

1. Frage: Deutliche Herausstellung des wissenschaftsspezifischen Er-
kenntnisobjektes und der Zielsetzung, Einordnung der Teiler-
gebnisse in ein Systemkonzept, Offenlegung des methodischen
Ansatzes, die allein einen Nachvollzug ermöglicht.

2. Frage: Differenzierung der Fragestellung notwendig, weil die Bewohner einer Region sich aus unterschiedlichen Zielgruppen zusam-
mensetzen.

3. Frage: Wissenschafts-/Alltags-/Handlungsorientierung, Motivfor-
schung,
Methodenfestlegung nicht allgemein möglich: Zielgruppenorientiert, unterschiedliche Problemsicht; Betrachtungsperspektive
- Betroffenen-Perspektive, Handlungsnormen

4. Frage: Problemorientiert - Enzyklopädisch
Zielgruppenorientiert - Abnehmerorientiert

Literatur (Auswahl)

Abeler, R., J. Adams und Paul Gould: Spatial Organization. The
Geographer´s View of the World. London 1971.

Bahrenberg, G.: Anmerkungen zu E. Wirths vergeblichem Versuch einer
wissenschaftstheoretischen Begründung der Länderkunde. GZ 1979,
S. 147 - 157.

Daum, E., W. Schmidt-Wulffen: Erdkunde ohne Zukunft? Paderborn 1980.

Fuchs, G.: Topographie. Stuttgart 1985.

Hantschel, R.: Die Übertragung des systemanalytischen/-theoretischen
Ansatzes auf räumliche Systeme. Geographie und Schule 1985,
S. 8 - 15.

Hard, G.: Die Geographie. Eine wissenschaftstheoretische Einführung.
Berlin, New York 1973.

Hettner, A.: Die Geographie. Ihre Geschichte, ihr Wesen und ihre
Methoden. Breslau 1927.

Hoffmann, G.: Allgemeine Geographie oder Länderkunde? Es geht um Lernziele! GR 1970, S. 329 - 331.

Klaus, D.: Systemanalytischer Ansatz in der geographischen Forschung.
Karlsruhe 1980.

Ders.: Allgemeine Grundlagen des systemtheoretischen Ansatzes.
Geographie und Schule 1985, S. 1 - 8.

Neef, E.: Die theoretischen Grundlagen der Landschaftslehre.
Gotha/Leipzig 1967.

Newig, J., K. Reinhardt und P. Fischer: Allgemeine Geographie am
regionalen Faden. GR 1983, S. 38 - 39.

Newig, J.: Drei Welten oder eine Welt: Die Kulturerdteile. GR 1986,
S. 262 - 267.

Schultze, A.: Allgemeine Geographie statt Länderkunde. GR 1970,
S. 1 - 10.

Schwind, M.: Das "Prinzip der Nähe" und der Geographieunterricht.
Die Sammlung 1947, S. 105 - 111.

Sedlacek, P.: Kulturgeographie als normative Handlungswissenschaft.
In: P. Sedlacek (Hrsg.): Kultur-/Sozialgeographie, Paderborn 1982,
S. 187 - 216.

LÄNDERKUNDE (LANDESKUNDE) UND GEOGRAPHIE

von Klaus Wolf

Länderkunde und deutsche Landeskunde werden in diesem Beitrag insoweit synonym gebraucht, als einmal der deutsche Sprachraum, zum anderen lediglich andere Länder gemeint sind.

Geographische Landeskunde bzw. Länderkunde wird heute weitgehend als ein wichtiges Anwendungsfeld der wissenschaftlichen Geographie aufgefaßt (vgl. dazu schon 1981 BARTELS, 43 ff.). Sie hat die Aufgabe, aus dem geografischen Grundaspekt gesellschaftliche Strukturen in ihrer historischen, ökonomischen, sozialen und umweltlichen Bedingtheit zu beschreiben, zu bewerten und durchaus wertorientierten Trendeinschätzungen zu geben. Unter dem geographischen Grundaspekt wollen wir die historischen, ökonomischen, sozialen und umweltlichen Bedingungen in ihrer räumlichen Dimension verstehen. Dabei heißt räumliche Dimension oder wird Raum aufgefaßt als:

> Strukturraum, der durch die Ausbildung gleichartiger Merkmals- oder Merkmals-Kombinations-Verteilungen gekennzeichnet ist,

> Funktionalraum, der durch raumdistanzielle Beziehungen zwischen Standorten definiert wird

> Wahrnehmungsraum, der durch die visuelle Aufnahme und Bewertung durch den Menschen in seinem Geist entsteht,

> Kommunikations-oder Interaktionsraum, der durch Information und Kommu-
nikation handelnde Menschen miteinander verbindet
und schließlich als

> Lebensraum, in dem sich alle alltagsweltlichen Handlungen des Men-
schen bündeln bzw. abspielen.

Während die Wissenschaftsdisziplin Geographie menschliche Handlungsfel-
der nach übergeordneten Theorien analysiert und so zu einer allgemeinen
Theorie raumbezogenen menschlichen Handelns beiträgt, wendet die Landes-
und Länderkunde diese Erkenntnisse auf konkrete Erdräume an.

Dabei kann sie, den Forschungsfeldern der aktuellen Wissenschaftsdisziplin Geographie folgend, zwei große Bereichsfelder in der Beschreibung
ausgliedern:

> die als Systemwelt bezeichnete Ebene der Organisationen (vgl. HABER-
MAS 1988 oder BLOTEVOGEL u. a., 1989), in der raumstrukturelle und
raumfunktionale Entscheidungen getroffen werden und die es zu **erkennen** gilt, wie z. B. die Errichtung von Infrastruktur, die Gliederung
nach Verwaltungseinheiten, die Schaffung von Arbeitsstätten und -plät-
zen usw.

> und die als Alltags- oder Lebenswelt bezeichnete Ebene des einzelnen
Menschen, dessen alltägliche Handlungsräume es zu **verstehen** gilt, wie
z. B. die Einbindung in bestimmte Sozialisationen, in territoriale
und lokale Bindungen und Traditionen, aus denen heraus Motivationen
und Handlungen verständlich werden. Im weitesten Sinn gilt es, kultu-
relles Handeln des Menschen zu beschreiben und in seinen raumbezogenen Mustern zu bewerten.

Es zeigt sich , daß damit auch ein bzw. spezifische Maßstäbe der Betrachtung verbunden sind. Während die systemweltlichen Entscheidungen heute

auf einer unteren mesoregionalen Ebene höchstens beginnen, aber sich im westlichen durch die internationale Vernetzung auf der makroregionalen Ebene abspielen, ist der menschlichen Alltagswelt eher die Mikro- und Mesoebene der lokalen und regionalen Situation vorbehalten. Es kann nicht und soll nicht Aufgabe geographischer Landes- und Länderkunde sein, dem Anspruch gerecht zu werden, eine umfassende Darstellung eines Erdraumes zu geben, was das auch immer sei. Das oben Gesagte widerlegt diesen Anspruch eindeutig.

Die Behandlung gesellschaftlicher Strukturen unter dem spezifischen geographischen Grundaspekt steht vielmehr im Vordergrund und die Auswahl der Themen unterliegt unter diesem Grundaspekt dem jeweiligen Verfasser - insoweit ist er zur eindeutigen Wertung (und Begründung) seiner Auswahl aufgerufen.

Soweit ein einzelner überhaupt noch umfangreichere Thematiken bearbeiten kann, ist es überlegenswert, zur Beschreibung gesellschaftlicher Strukturen eines bestimmten Teilraumes unserer Erde unter geographischem Aspekt Anregungen für die Gliederung der Materie zu geben.

Für die Systemwelt der Organisationen und die Alltagswelt des Individuums ist gleichermaßen bedeutend, sich quasi als Grundlegung mit den Strukturen der Bevölkerung zu beschäftigen und sich mit ihrem generativen und sozio-demographischen Zustand auseinanderzusetzen. Gerade unter Berücksichtigung nicht nur der Makro-, sondern zumindest auch der Mesoebene wird hier schon der spezifische geographische Ansatz deutlich. Versucht man weiter die durch die Systemebene im wesentlichen entstandenen bzw. sich weiter verändernden Struktur- und Funktionalräume zu beschreiben, wird diese Beschreibung im wesentlichen Faktoren im sozio-demographisch-historischen, ökonomischen und umweltlichen Bereich mit einbeziehen müssen, um zu realitätsabbildenden Aussagen zu gelangen.

Dazu zählt u. a. die Auseinandersetzung mit den auf die je konkret ausgewählten Räume einwirkenden Prozesse historischer und territorialge-

schichtlicher Entwicklung in ihrer sozio-demographische Abläufe steuern-
den Bedingtheit, die Erläuterung ökonomischer Strukturen in ihrer regionalen Einbindung in bzw. Abhängigkeit von politischen Entscheidungen und
nicht zuletzt die beschreibende Bewertung naturräumlicher Faktoren bzw.
der vom Menschen geschaffenen augenblicklichen Situation der natürlichen
Umwelt. Nicht die additive Verfügbarmachung regionalisierter Datenbanken
macht in diesem Sinn geographische Länderkunde aus, sondern die den geographischen Grundaspekt methodisch anwendende bewertende Darstellung der
systemweltlichen Zusammenhänge.

Als weitere Operationalisierungsebenen bieten sich hier z. B. artefaziel-
le Tatbestände der Bereiche Arbeiten, Wohnen und Freizeit als Leitlinien
an. Die Beschreibung der Entstehung und Veränderung von Arbeitsstätten,
Wohnstandorten, Versorgungseinrichtungen, Freizeitstandorten in ihren jeweiligen räumlichen Kombinationen als Elemente des gesamten Siedlungsrau-
mes und der dahinter stehenden Kräfte, die zu diesen Konfigurationen geführt haben, werden analysiert. Die Vernetzungen der miteinander in Beziehung tretenden Standorte auf Grund von vorliegenden ökonomischen,
aber auch politischen Entscheidungen müssen ebenfalls angesprochen werden. So ergibt sich ein Bild der Entscheidungsstrukturen in dem ausgewählten Ausschnitt unserer Erde, der zu je konkreten Siedlungsstrukturen
geführt hat bzw. sie in bestimmter Form verändert. Hier können Zahlen,
Daten, "harte" Fakten die Zusammenhänge veranschaulichen, gewichten.

Nicht vergessen werden sollte darüber die Beschreibung des aus der Alltagswelt des/der Menschen entwickelten Lebens- und Handlungsraums, dessen Verständnis sich zum einen häufig oder ganz Zahlen, Fakten, der Systemwelt entzieht, aber doch oder gerade die Besonderheit einer bestimmten territorialen Struktur unserer Erde ausmacht.

Gerade hier ist ein breites Anwendungsfeld der Landes- und Länderkunde.
Aus den Erkenntnissen der wissenschaftlichen Geographie, aber auch benachbarter Disziplinen, vor allem der Geschichte, der Kulturanthropolo-

gie, der Soziologie, aber auch der Ökologie kann eine unverwechselbare geographische Beschreibung lebensräumlicher Situationen erwachsen. Diese lebenräumlichen Situationen allgemeinen kulturellen Handelns des Menschen, die von der Arbeitswelt bis zu den Bereichen des Wohnens und des Verhaltens während der Freizeit reichen, werden in ihren raumbezogenen Bindungen und Interaktionen behandelt. Es zeigt sich, daß dadurch kulturell bestimmte Interaktionsräume definier- und beschreibbar werden, die mesoregionale Dimension haben, d. h. daß eben die mesoregionale Ebene die wesentliche alltagsweltliche Handlungs- und differenzierend zu beschreibende Maßstabebene landes- und länderkundlicher Darstellung ausmacht. Es bedeutet aber auch, das Landes- und Länderkunde in diesem Sinn nur aufbauen kann auf Ergebnissen der wissenschaftlichen Geographie zu lebensräumlichen Zusammenhängen der zu analysierenden Regionen einerseits und einem über die Kompilation von "Faktenwissen" hinausgehenden Verstehen und Bewerten von Zusammenhängen aus langjähiger Erfahrung im Sinne teilnehmender Beobachtung.

Eine raumbewertende Beschreibung mesoregionaler Dimension alltagsweltlicher Handlungen des Menschen ist wohl das wichtigste Spezifikum geographischer landes- und oder länderkundlicher Darstellung.

Leistung und Aufgabe der geographischen Landes- und Länderkunde als wichtigem Anwendungsfeld geographischer Wissenschaft ist und bleibt demzufolge die wertende Beschreibung und Analyse raumbezogener und raumprägender Prozesse handelnder politischer und ökonomischer Systeme und alltagsweltlich handelnder Menschen in ihrer Umwelt und ihrer gegenseitigen Vernetzung. Daraus ableitbare raumbezogene Trendeinschätzungen zukünftiger gesellschaftlicher Prozesse sind dabei nicht ausgeschlosssen.

Literatur:

BARTELS, D. 1981: Länderkunde und Hochschulforschung. In: Beiträge
zur Theorie und Methode der Länderkunde, S. 43-49. = Kieler Geographische Schriften, Bd. 52, Kiel;

BLOTEVOGEL, H.H.; G. HEINRITZ; H. POPP 1989: "Regionalbewußtsein". Zum
Stand der Diskussion um einen Stein des Anstoßes. In: Geographische
Zeitschrift, Jg. 77, H. 2., S. 65-68, Wiesbaden

HABERMAS, J. 1988: Theorie des kommunikativen Handelns. Bd. 1 und 2. =
edition suhrkamp 1502 (neue Folge Band 502), Frankfurt am Main

DER BEITRAG DER SOZIOLOGIE ZUR LÄNDERKUNDE (LATEINAMERIKAS)

von Achim Schrader

Vorbemerkung: Das Thema berührt Grundfragen der Soziologie. Seine schlüssige Bearbeitung kann im Grunde nur sehr profund und unter Beachtung wichtiger soziologiegeschichtlicher und wissenschaftstheoretischer Vorarbeiten erfolgen. Das würde aber den hier vorgegebenen Rahmen sprengen. Ich muß mich daher auf holzschnittartige Thesen beschränken.

I. Sozialkunde oder Länderkunde?

"Länderkunde" ist ein in der Soziologie unbekannter Begriff. Was ihm am nächsten zu kommen scheint, heißt "Sozialkunde". Die Differenz markiert drei wichtige Einschränkungen:

1. Sozialkunde handelt vom eigenen, nicht von einem anderen Land.

2. Die Unterscheidung zwischen Soziologie und Sozialkunde betont das Didaktische, Vereinfachende, Populäre, Unwissenschaftliche der letzteren.

3. Das Attribut "Sozial" an Stelle von "Länder" reduziert den Zwang, das Objekt der Aussagen genau zu definieren und gegen andere abzugrenzen.

Zu 1) Owohl es die Soziologie zu ihren Aufgaben zählt, raum-/zeitlich
       universelle Aussagen zu treffen, unterscheiden sich soziologische
       Theorien aller Reichweiten sehr deutlich danach, in welchem Land
       sie aufgestellt wurden, weil sie sich - selten explizit - auf
       das eigenen Land beziehen.

       Das hat nicht nur etwas mit den realen Unterschieden zwischen ver-
       schiedenen Ländern in Sprache und Kultur, Institutionen und Ver-
       haltensweisen zu tun, sondern auch mit den jeweiligen Denktradi-
       tionen, von denen manche Wissenschaften mehr, andere weniger be-
       einflußt werden.

       Die Geschichte der soziologischen Lehrmeinungen unterscheidet da-
       her von der deutschen die französische, italienische und amerika-
       nisch-englische Soziologie. Auch eine niederländische, schwedi-
       sche, österreichische, japanische Soziologie, eine der DDR, der
       Sowjetunion, Polens und Lateinamerikas kann identifiziert werden
       ohne allein auf den Arbeitsort der Autoren oder die Sprache ihrer
       Publikationen abzuheben.

       Die Entwicklung der soziologischen Wissenschaft verläuft in den
       verschiedenen Ländern sehr unterschiedlich. Dabei spielen die Grö-
       ße eines Landes, seine Gesellschaftordnung und das Entwicklungsni-
       veau eine Rolle.

Zu 2) Eine Sozialkunde will "zwar über einen Gegenstandsbereich umfas-
       send informieren und aufklären", ist "aber zu hypothesen- und
       theorieorientierten Wissenschaft klar abzugrenzen" (Schäfers, in:
       Endruweit/Trommsdorff (Hrsg.), 1989: Wörterbuch der Soziologie.
       Stuttgart, S. 616). Sozialkunde ist von dem gleichnamigen oder
       ähnlich bezeichneten Schulfach getrennt nicht denkbar, und den
       von dort erhobenen Ansprüchen mögen viele Soziologen nicht genü-
       gen (617).

Bezeichnend ist die Absicherung von Claessens/Klönne/Tschoepe im
Vorwort zur ersten Auflage ihrer "Sozialkunde der Bundesrepublik
Deutschland" (Düsseldorf 1965): "Außerdem sollte der Begriff (Sozialkunde) sich deutlich gegen einen akademischen Anspruch abhe-
ben". Der kommerzielle Erfolg dieses Buches hat die Bedenken wohl
zerstreut: In späteren Auflagen fehlt dieser Hinweis.

Schäfer will der Sozialkunde den Charakter einer eigenständigen
Wissenschaft zumessen, "in der das grundlegende Tatsachenwissen
über eine Gesellschaft (wie auch der Vergleich von Gesellschaften) systematisch erarbeitet und didaktisch aufbereitet wird"
(614).

Der Begriff der "sozialen Tatsachen" darf jedoch nicht überstrapa-
ziert werden. Zwar kennt die Soziologie eine Reihe von vergleichsweise dauerhaften Institutionen, Organisationen und Netzwerken,
die im allgemeinen unter dem Begriff "Sozialstruktur" untersucht
werden; aber auch in einer langen Tradition der Sozialforschung
sind noch nicht alle empirischen Nachweise des Vorhandenseins der
Strukturelemente und ihrer Verknüpfungen überzeugend geführt worden. Abgesehen davon unterliegen auch die "Tatsachen" dem unauf-
hörlichen "sozialen Wandel".

Außerdem besteht in der Soziologie keineswegs Einigkeit darüber,
welche Auswahl von Strukturaspekten und ihrer Veränderungen für
die Darstellung in einer Sozial- oder Länderkunde getroffen werden soll; und das ist nicht allein eine Frage der didaktischen
Aufbereitung, sondern auch der wissenschaftheoretischen Positio-
nierung der verschiedenen soziologischen Ansätze: man denke hier
zum Beispiel an die Frage, ob man die soziale Differenzierung
nach "Klassen" oder "Schichten" oder "Systemen" analysieren und
darstellen soll.

Zu 3) Eine Länderkunde zu verfassen, verlangt vom Soziologen, den Gegen-
       stand derselben so genau zu bezeichnen, daß er ihn von anderen un-
       terscheiden kann. Für den Außenstehenden liegt es nahe, dafür den
       Begriff der "Gesellschaft" zu verwenden. Das ist aber unter Sozio-
       logen keineswegs konsensfähig; immerhin hat kein geringerer als
       Max Weber das "soziale Verhalten" und nicht die "Gesellschaft"
       als Objekt der Soziologie bezeichnet.

       Aber selbst wenn man sich auf "Gesellschaft" als Objekt der sozio-
       logischen Aussagen einigte, hat man es mit mehreren Konnotationen
       zu tun. Nach der Definition von Büschges im neuesten "Wörterbuch
       der Soziologie" bezeichnet Gesellschaft

       (a) die (in der Regel räumlich und zeitlich bestimmte) Verbunden-
            heit einer gleichartigen und denselben Lebenszusammenhang
            teilende Menge von Lebewesen (Pflanzen, Tiere, Menschen)
            oder

       (b) enger gefaßt und nur auf den Menschen bezogen: eine räum-
            lich, zeitlich oder sozial begrenzte und zugleich geordnete
            Menge von Individuen oder Gruppen von Individuen, die in di-
            rekten wie indirekten Wechselbeziehungen verbunden sind, und
            zwar

            (ba) aufgefaßt als real existierendes Phänomen oder

            (bb) konzipiert als sozialer Typus oder

            (bc) konstruiert als soziales Modell, oder

       (c) noch enger gefaßt und nur im rechtlichen Sinne: jede durch
            Gesellschaftsvertrag zu Erreichung eines bestimmten Zweckes
            begründete Vereinigung von Personen (245).

Will man die für eine Länderkunde geeignete Version (b) in der
Form (ba) benutzen, ist die Frage nach den realen Grenzen zu beantworten. Als zeitliche Begrenzung könnte man versuchsweise die
Gegenwart wählen; die räumliche Abgrenzung könnte in Abhängigkeit
von dem politischen Begriff des Nationalstaats durchgeführt werden (das erlaubte sogar die Berücksichtigung zum Beispiel von ethnischen En- und Exklaven). Aber die Notwendigkeit auch einer "sozialen" Abgrenzung stellt alle diese Versuche wieder in Frage:
Der Hinweis auf die deutsche Situation in Vergangenheit und Gegenwart mag genügen, um die Probleme von sozial bedeutsamen raum-/
zeitlichen Grenzziehungen zu verdeutlichen

In der modernen Soziologie sind auch die Definitionen (bb) und
vor allem (bc) geläufig: Im letzteren Fall besteht Gesellschaft
überhaupt nur in Form einer mehr oder weniger gleichartigen Idee
im Bewußtsein einer Menge von Personen. Die Grenze dieser Menge
festzustellen, erfordert einen erheblichen Aufwand an empirischer
Forschungsarbeit.

Auch im neuesten theoretischen Entwicklungen, zum Beispiel in der
Systemtheorie von Niklas Luhmann, ist die Grenze eines Systems
oder Teilsystems nur mit höchst abstrakten Kategorien zu fassen
und vorerst nicht in empirisch überprüfbare Kriterien zu überset-
zen.

Andere sozialwissenschaftliche Disziplinen haben es an dieser
Stelle einfacher: Die Politikwissenschaft kann sich am Wirkungs-
bereich politischer Institutionen orientieren, den Wirtschaftswis-
senschaftlern markiert der Zoll die Grenzen der "Volkswirt-
schaft".

Bei der Erstellung einer Länderkunde muß die Soziologie sich den
Gegenstandsbereich ihrer Aussagen von außen, zum Beispiel anhand

des politischen Begriffs "Nationalstaat" definieren und - hoffent-
lich - dazu provozieren lassen, die Eingrenzungen des Objekts in
den Aussagen anderer Sozialwissenschaften zu hinterfragen und das
auch dem Leser zu vermitteln.

Halten wir vorläufig fest:

1. Der Beitrag der Soziologie zur Länderkunde kann einerseits in
   der Darstellung von Universalien bestehen; andererseits kann
   sie den nicht zu vernachlässigenden Beitrag der autochthonen
   Soziologien für eine Analyse anderer Länder erschließen.

2. Die Soziologie kann mit ihrem theoretischen und empirischen
   Potential einen Beitrag dazu leisten, einen Überblick über
   die vergleichsweise dauerhaften sozialen Strukturen eines Landes und über ihre Veränderungen zu geben. Sie muß jedoch zugleich den Anschein vermeiden, als handele es sich bei dem
   Dargestellten um unumstößliche und unangreifbare "Tatsachen".
   Die Aufforderung an den Leser einer Länderkunde, das Darge-
   stellte zu hinterfragen, kann darüberhinaus didaktisch genutzt werden.

3. Die Soziologie kann den Gegenstand einer Sozial- oder Länderkunde nicht selbst definieren. Hilfskonstruktionen wie "die
   Gesellschaft des Staates XY" oder "Gesellschaften im Raum QR"
   müssen verwendet werden. Der Hinweis, daß eine Gesellschaft
   nicht identisch ist mit dem Nationalstaat, in dem sich ihre
   Mitglieder oder Elemente befinden, kann die Darstellung eines
   Landes jedoch erheblich bereichern.

II. Über die Unvermeidlichkeit interdisziplinärer Bemühungen

Veröffentlichungen zur Sozialkunde werden häufig von mehreren Autoren geschrieben oder sind Herausgeberschriften. Die Autoren der Einzelbeiträge gehören meist zu verschiedenen Wissenschaftsdisziplinen. In den Einleitungen wird oft die Komplexität des Gegenstandes hervorgehoben und gefolgert, nur eine inter- oder multidisziplinäre Bearbeitungen sei zu seiner Darstellung angemessen.

Ob das sachnotwendig ist, kann bezweifelt werden. Was die Situation in der Bundesrepublik betrifft, so wurden Sozialkunde bislang vornehmlich für den Gebrauch in Schulen geschrieben; die von den Kultusverwaltungen erzwungene "Integration" verschiedener wissenschaftlicher Disziplinen in Fächern wie "Sozial-" oder "Gemeinschaftskunde", "Sozialwissenschaft(en)" oder "Politik" usw. hat zweifellos zu entsprechenden Anpassungen der Autoren an den Absatzmarkt geführt.

Es gibt für die Soziologie eigentlich keinen wissenschaftlichen Grund, sich bei Beschreibung und Analyse der eigenen oder einer fremden Gesellschaft der gleichberechtigten Mitwirkung anderer Disziplinen zu bedienen, anstatt es in Kooperation mit eigenen Fachkollegen aus den (anderen) speziellen Soziologien zu versuchen. Sie weist eine hinreichende Binnendifferenzierung in speziellen Soziologien auf. Von Alters- und Arbeits- bis Verwaltungs- Wirtschafts- und Wissenssoziologie gibt es keinen gesellschaftlichen Bereich, zu dem die Soziologie nicht spezifische Erkenntnisse produziert und das von den je anderen Fachdisziplinen erarbeitete Wissen soziologisch verwertet hätte.

Was hindert Soziologen trotzdem daran, eine monodisziplinäre Sozialkunde eines Landes zu schreiben? Der wichtigste Grund dürfte in der gerade von ihnen wahrgenommenen Komplexität des Gegenstandes liegen, zu dessen Analyse ihrerseits hinreichend komplexe Theorien aufgestellt, umfassende und zeitraubende empirische Untersuchungen durchgeführt und in der

scientific community bekanntgemacht werden müssen. Obwohl soziologische
Kongresse meist recht aktuelle Generalthemen haben, vergehen im allgemeinen fünf bis zehn Jahre, bevor die ersten gründlichen soziologischen Analysen eines längst bekannten neuen Aspekts der Gesellschaft vorliegen.

Die Erarbeitung einer soziologischen Länderkunde würde es erfordern, eine hinreichend große Zahl von Soziologen mit allgemeinen und spezifischen Orientierungen, theoretischen und methodischen Kompetenzen, sowie
nationalen und internationalen Sachkenntnissen in einem engen Netzwerk
zusammenzuführen. Das würde die personellen Ressourcen der Soziologie
und die finanziellen Ressourcen eines Auftraggebers völlig überfordern.

Die Frage also, ob es auch ohne Zusammenarbeit mit anderen sozialwissenschaftlichen Disziplinen gelingen könnte, einen eigenständigen Beitrag
der Soziologie zu einer Sozialkunde fremder Länder zu leisten, erübrigt
sich also aus pragmatischen Gründen. Folglich kann ein Beitrag der Soziologie zu einer Länderkunde nur in Kooperation mit anderen Sozialwissenschaften erfolgen.

Sie ist allerdings nicht frei von unwillkommenen Nebenfolgen und zwar
wohl nicht allein für Soziologen: Interdisziplinäre Forschung und Spezia-
lisierung auf Räume anstatt auf Sachgebiete sind karriereschädlich.

Die Schädlichkeit der Beteiligung an interdisziplinärer Forschung beruht
zum großen Teil auf der unter Sozialwissenschaftlern nicht selten anzutreffenden Tendenz, die Unterschiede zwischen den beteiligten Disziplinen zu verwischen, anstatt sie zu betonen und so für die Lösung des gestellten Problems zu optimieren. Reduziert man die Differenzen zwischen
den gegenstands- und methodenspezifischen Varietäten, verlieren die Mit-
wirkenden ihre Identität als Angehörige einer bestimmten wissenschaftlichen Disziplin, in der sie gleichwohl eine Reputation erlangen müssen,
um Arbeitsplätze und - möglichkeiten zu gewinnen oder zu erhalten.

Ähnlich wirkt die Notwendigkeit, sich für die Erforschung fremder Gesellschaften regionalspezifisches Wissen aneignen zu müssen. Der Erwerb besonderer Sprachkenntnisse und die Durchführung von Studienaufenthalten
in Ländern mit niedrigerem Entwicklungsniveau finden bei Berufungskommis-
sionen und Fachbereichsräten selten die ensprechende Anerkennung.

III. Beiträge der Soziologie zu Länderkunde

Worauf die Reputation auch berühren mag: die Öffentlichkeit erkennt bei
der Analyse des Politischen die hervorragende Kompetenz der Politikwissenschaft, bei der Wirtschaft jene der Wirtschaftswissenschaften, beim
Raumbezug die der Geographen usw. an. Einzelne Aspekte fremder Gesellschaften bearbeitet die Ethnologie/Völkerkunde/Sozialanthropologie.

Die Soziologie findet in einer solchen arbeitsteilig strukturierten Ver-
sammlung von "Zuständigkeitsbereichen" nur schwer einen Gegenstand, der
allein ihr gehört. Oft lassen sich Soziologen auf das von Anderen für un-
bequem gehaltene, vielleicht gerade deswegen für sie so beliebte Terrain
der "Ungleichheit" abdrängen. Eine so verstandene Arbeitsteilung schöpft
aber die Möglichkeiten eines Beitrages der Soziologie nicht aus.

Vielmehr sollte man eine Mitwirkung auf drei Ebene erwarten dürfen:

> Eigenständige Beiträge der Soziologie mit Ergänzungen durch andere
  Disziplinen.

> Zusammenarbeit in Bereichen, die unter Federführung anderer Diszipli-
  nen bearbeitet werden.

> Beiträge zur Ideologiekritik und Didaktik der Länderkunde.

A. Eigenständige Beiträge der Soziologie mit Ergänzungen durch andere Disziplinen

Hier sind vor allem die sozialen Universalien zu nennen. Zu ihnen gehören die überall anzutreffenden Institutionen und Prozesse, die grundlegende Funktionen erfüllen: In jeder Gesellschaft gibt es Vorkehrungen dafür, wie man zum Beispiel

> das menschliche Junge in die Welt der Erwachsenen einführt (Familie, Unterricht).

> Konflikte innerhalb von Gruppen und zwischen Gruppen löst (Herrschaft, Rechtspflege, Krieg),

> menschlichen Gruppen zu einer Identität verhilft (Feste, Ideologien),

> Unterschiede zwischen den Menschen bewertet (Kasten, Klassen, Schichten),

> Bedürfnisse befriedigt (Tausch, Geldwirtschaft, Technologie)

> Vorsorge betreibt (Inzesttabus, Vorratswirtschaft, Umweltschonung, Geburtenkontrolle).

Außerdem gibt es evolutionäre Universalien. Mit gewisser Regelmäßigkeit werden bestimmte zivilisatorische Stufen durchlaufen, zum Beispiel:

> Die Erarbeitung einer Wort- und dann einer Schriftsprache,

> die Herausbildung von Städten und Staaten,

> die Einführung von Märkten und Geld,

> die Steuerung von gesellschaftlichen Prozessen durch Bürokratie.

Von besonderer Bedeutung als Universal ist die soziale Differenzierung, also die Aufteilung der Gesellschaft in Teile unterschiedlicher Größe und Bedeutung. Die Form, wie sich die Menschen selbst und
die Soziologie die Differenzierungen vorstellen, variiert nach Raum
und Zeit. Insofern kann man segmentäre, funktionale, "vertikale" (d.
h. Macht-) Differenzierungen unterscheiden und ihre Bedeutung und
Legitimation in verschiedenen Gesellschaften und Bereichen derselben
ermitteln.

B. Zusammenarbeit in Bereichen, die unter Federführung anderer Wissen-
    schaften bearbeitet werden

Die Beiträge entstammen hierbei vor allem den jeweiligen spezifischen Soziologien. (Die folgende Liste entspricht weitgehend dem Ge-
genstandskatalog der Sozialkunde von Schäfers.)

> Historische Entwicklung einer bestimmten Gesellschaftsformation

> Politische Institutionen, Macht und Herrschaft, Recht und Grund-
  recht, Partizipation und Mitbestimmung

> Bevölkerungsstruktur und ökonomisches System

> Weitere Bereiche und Elemente der Sozialstruktur wie

    > Bildung und Ausbildung,
    > Siedlung und Wohnen,
    > soziale Sicherheit und Sozialpolitik,
    > Situationen der Altersgruppen,

> grundlegende Institutionen

   > Familien,

   > Kirchen,

   > Medien,

   > Militär,

   > Hochschulbereich und Wissenschaft,

    Gewerkschaften und allen anderen Verbände und Interessengruppen, Vereine für Sport und Freizeit, Unterhaltung und Kultur

> Vorherrschende Werte und Normen und allgemeine Kulturmuster.

Da sich die Zusammenarbeit zwischen den speziellen Soziologien und den jeweils anderen Fachdisziplinen im Allgemeinen bewährt hat, ist als wichtigstes Problem in diesem Bereich wohl die unzulängliche Datenbasis zu nennen. Leider hat die zeitweise sogar als "Bewegung" bezeichnete Forschungsrichtung "Soziale Indikatoren" es nicht erreicht, umfassende, valide und reliable Datenbestände anzulegen und aktualisiert zu halten.

C. Beiträge zur Ideologiekritik und Didaktik der Länderkunde

Die Selbstkritik in Form des Ethnozentrismus-Vorwurfs ist wohl (neben der Ethnologie usw.) in der Soziologie am stärksten ausgeprägt. Die Hoffnung, ungeeignete Theorien würden die Wirklichkeit ohnehin nicht erklären können und daher sich selbst diskreditieren, trügt bei Länderkunden, da sie ja eine andere Aufgabe haben als intra-wissenschaftliche Propositionen für die weitere Überprüfung vorzulegen. Der Beitrag der Soziologie wird daher darin bestehen müssen, Bearbeiter und Leser von Länderkunden kontinuierlich an die Gefahr ethnozentrischer Fehlschlüsse zu erinnern.

Dafür bietet die Wissenssoziologie eine fundierte Grundlage, weil sie als "Soziologie der Sozialwissenschaften" Kenntnisse über die Beziehungen zwischen Wissen und sozialen Strukturen bereitstellt und Methoden zu ihrer Untersuchung anbietet.

Die in Teilen der Soziologie ausgeprägte methodologische Strenge kann auch nutzbar gemacht werden, um vor naheliegenden und daher womöglich vorschnellen internationalen und interkulturellen Vergleichen zu bewahren.

Dieser Beitrag der Soziologie sollte auch genutzt werden, um die Didaktik der Länderkunde zu verbessern. Sie sollte den Leser befähigen, das Gelesene zu transzendieren, selbständig weitere Erkenntisse zu erarbeiten und dabei die einer wissenschafltichen Zivilisation angemessene Selbstkritik zu üben.

ANMERKUNGEN ZU EINER ZEITGEMÄßEN LÄNDERKUNDE AUS ETHNOLOGISCHER SICHT

Von Frank Bliss

1. Wie Bilder von der Dritten Welt gemacht (gefärbt) werden

Gebräuchliche Länderkunden (1) versuchen nicht selten in zumeist sehr
durchsichtiger Weise, die Realität eines Landes so zu verzeichnen, wie
es vor dem Hintergrund der individuellen Ausgangslage des Verfassers und
zur Wahrung seiner eigenen und der Interessen des Auftraggebers opportun
erscheint. Sogar bei der entwicklungspolitischen Ausbildung (z. B. der
Vorbereitung für den Fachkräfteeinsatz im Ausland) läßt sich erkennen,
daß ein Land nicht immer "neutral" beschrieben wird. Denn wieso soll ein
Land "Zielland" von "Entwicklungshilfe" sein, dessen äußerliches Bild
nicht von Hunger, Armut, Elend und Unvermögen der einheimischen Bevölkerung zur Selbsthilfe geprägt ist, sondern von Normalität - auf einem anderen ökonomischen Niveau und vor einem anderen kulturellen Hintergrund
vielleicht, aber ohne den Stallgeruch des Unterentwickelten? (2) So wie
in der modernen Industriegesellschaft eine Reihe von Bedürfnissen und
Wünschen durch Werbung und Gruppendruck erst geschaffen werden, so erreicht die entwicklungspolitische Werbung (auch über das Medium der Landeskunde) die Schaffung von Bedürfnissen und Wünschen bei uns und unseren Nachbarn nach Hilfe für die Dritte Welt. Entwicklungshilfe wird zum
Automatismus mit Steigerungsgarantie, zumindest aber Besitzstandswah-
rung.

Natürlich gibt es in der Entwicklungszusammenarbeit auch viele hehre Motive. Ohne Frage herrscht sehr große Not (und noch stärkere Unter-
drückung) in sehr vielen Ländern der sogenannten Dritten Welt, und im An-
gesicht von Hungerkatastrophen im Sahel oder in Bangladesh fragt sich
auch der kritische Bürger, ob ungeachtet aller Elitenwillkür und hausge-
machter Verarmung manches Land überhaupt in der Lage ist, seine Bewohner
zu ernähren. Über das Ziel hinausgeschossen wird aber auch dann, wenn angesichts solcher Perspektiven und der daraus abgeleiteten Selbstver-
pflichtung zur Hilfe diese Hilfe zum Automatismus zu degenerieren droht,
zum Selbstläufer wird, der gegenüber den Spendern durch immmer neue Bilder von Not und Elend abgesichert werden muß. Dabei kann das zuweilen
vorgebrachtes Argument, ohne Schreckensbilder gebe es keine Legitimation
für die Verwendung von Steuermitteln in der öffentlichen Entwicklungszusammenarbeit (EZ) oder kein Spendenaufkommen bei den privaten Trägern,
durchaus nicht ernstgenommen werden. Denn warum bedarf es der Schreckensbilder (und kontinuierlich steigender Gelder), wenn die EZ generell eher
am Mittelabflußdruck krankt statt am Fehlen finanzieller Mittel?

Mit anderen Worten: wir benötigen aus Gründen der Achtung anderer Nationen und Staaten ein anderes Bild von der Dritten Welt, das Hunger und Armut in ihrem Stellenwert darstellt, aber auch nicht übertreibt, und im
übrigen die Realitäten zeigt, wie sie sind: Menschen, die in den unterschiedlichen Bereichen der Wirtschaft tätig sind und durchaus von ihrem
Einkommen leben können; Familienalltag mit ähnlichen Freuden und Sorgen
wie bei uns; Kinderspiele, Szenen aus dem Jung- oder Altsein etc.

Daß bei einer Behandlung dieser Ausschnitte aus dem Alltag dabei manche
als solche erkannte Normalität das Bild uninteressanter werden läßt, als
es die Darstellung der Ausnahmen machen würde, gilt auch für unsere eigene Gesellschaft: Kirchen, Küche und Karneval sind sehr viel bunter als
Schreineralltag, Umweltvergiftung und Jeanstrageverhalten, was doch auch
elementare Bestandteile unserer Kultur sind.

Wie dieses Bild zustande kommt, darüber mag es unterschiedliche Meinungen geben, denn jedermann möchte (z. B. aus den genannten Legitimationsinteressen) seine Inhalte und Sichtweisen als die einzig wahre Darstellungsform des Gesamtbildes verkaufen. Es wäre jedoch nun der Entwicklungspolitik und der Rolle der Länderkunde in der entwicklungspolitischen Bildung gegenüber ungerecht, nur ihnen allein einen derartigen Umgang mit den Realitäten anderer Länder vorzuhalten. Schließlich ist es auch das andere, positive "Extrem", die empathische und emische Darstellungsweise, häufig ein Verdienst gerade der (kritischen) Entwicklungspolitik und Entwicklungsländerforschung.

In anderen Bereichen sind die "Verzeichnungen" vor allem bedeutend gravierender. Von der ökonomischen Interessen unterstellten Analyse, deren typischste Produkte die Auslandsberichte des Statistischen Bundesamtes in Wiesbaden oder die Publikationen der Kölner Bundesstelle für Außenhandelsinformation sind, erwartet allerdings niemand das Bild eines Landes, das anders als durch Zahlen, etwa durch die qualitative Beschreibung von Lebensumständen, charakterisiert wird.

Einem deutschen Vertreter der OECD in Paris gelang es vor wenigen Jahren, ganz in dieser Tradition stehend, im Rahmen eines Vortrages in Anwesenheit des Verfassers einen Länderbericht über die Türkei zu präsentieren, in dem innerhalb von 90 Minuten nicht ein einziges Mal die Worte Mensch, soziale Lage, Leben oder Gesellschaft vorkamen. Vielmehr wurde das "umfassende" Bild der Türkei im Jahre 1987 beschrieben durch die "Verbesserung des Investitionsklimas", "die politische Stabilität", "ökonomische Potentiale", "finanzpolitische Anpassungsschwierigkeiten", etc. Das Hauptproblem für den Zuhörer war weniger die Tatsache, daß hier ein Industrielobbyist ein Land von dem Vorwurf schwerer Menschenrechtsverletzungen reinwaschen wollte ("unbestreitbare Demokratisierung"), sondern daß er offenbar davon überzeugt war, in der vorgeführten Weise das Wichtigste zur Landeskunde der Türkei gesagt zu haben.

Die touristische Länderkunde (i. e. jene Masse von Literatur, die sich überwiegend aufgrund des Tourismus verkauft und mehr oder weniger bewußt Reisemöglichkeit/-häufigkeit mit farbenfrohen Bildern korreliert) zeigt allerdings, daß auch mit dem Stichwort "Mensch" in jedem zweiten Satz ("freundliche Eingeborene", "gläubige Mönche", "malerische Frauentrachten" usw.) Realitäten keineswegs erschöpfend zu beschreiben sind. Erlaubt ist hier deutlich mehr als in der von ökonomischen Interessen bestimmten Landeskunde. Sogar soziale Gegensätze dürfen zuweilen thematisiert werden, wenn dies der Verkaufsstrategie nicht abträglich ist. In neuester Zeit werden angesichts des unter Konkurrenzdruck scheinbar entstehenden Zwangs zu immer neuen Reiseformen sogar Darstellungen von Konflikten toleriert, die eine Reise wieder zum Abenteuer machen. Nur eines darf in der touristischen Landeskunde nicht vorkommen, die Behandlung des Tourismus als (problematisches) Thema selbst, auch wenn, wie auf den Malediven, nahezu jeder Bereich der landeskundlichen Analyse massiv hiervon berührt ist: Umwelt, Infrastruktur, Gesellschaft, Ökonomie usw. (vgl. Plüss 1989).

2. Ethnologische Kriterien für die Länderkunde

Das eigentliche Probleme bei diesen hier nur ausgewählten drei Initiatorenbereichen von "Länderkunde" ist nicht die eingeschränkte Perspektive bis hin zur bewußten Auslassung und (dadurch) Fälschung von Tatsachen. Es ist vielmehr die Gewißheit, daß für viele Menschen das Bild eines fremden Landes nur durch derartige selektive Darstellungen gezeichnet wird. Sind aber die sogenannten "wissenchaftlichen Länderkunden" grundsätzlich anders, sind hier Fakten und Analyse vollständig und wertfrei vorgetragen, ist dies überhaupt in der konventionellen Wissenschaft möglich? Die Subjektivismusfreiheit in der Wissenschaft wurde für die Ethnologie sehr überzeugend von Justin Stagl (vgl. 1986) als Märchen entlarvt. Aber gelingt es nicht doch, Länderkunden so zu verfassen, daß sie

zumindest alles Wichtige einhalten: Geschichte, Land und Leute, Wirtschaft etc. (z. B. in der Ägypten-Länderkunde von Heinz Schamp, 1978)?

Was ist in einer Länderkunde wichtig, und wer bestimmt die Selektion?
Anhand einer Vielzahl von Hinweisen im Impressum sollte uns bewußt sein,
daß letztere Entscheidung stark von den Intentionen des jeweiligen Her-
ausgebers abhängt, und wir glauben, der Realität sehr viel näher zu kommen, wenn wir eine scheinbare "Interessenlosigkeit" in Verbindung mit
dem Wunsch, gut und umfassend zu informieren, gewährleisten können.

Bei diesem doch offenbar so fairen und "objektiven" Weg fehlt gemeinhin
aber eines: die Sicht derjenigen, deren Gesellschaft wir beschreiben wollen. Natürlich gibt es ebensowenig eine Sicht "der Ägypter" oder "der
Brasilianer", wie es eine "der Deutschen" von ihrem Land gibt. Vermut-
lich gibt es nicht einmal eine absolut homogene Sicht bei der Bevölkerung eines kleinen Dorfes im Amazonasurwald von dem, was für sie nun das
Wichtigste ist. Ebenso, wie man nicht aufgrund der Tatsache, Deutscher
zu sein, automatisch Goethe-Spezialist und damit Angehörigen anderer Nationen zu diesem Thema überlegen sein muß, ist jeder Tunesier natürlich
nicht immer gleich besser über phönizische Geschichte informiert. Sicher
gibt es sogar viele Franzosen oder Briten, die mehr über den Islam wissen als dieser muslimische Tunesier oder sein algerischer Nachbar. Auch
ist nicht selten die Identifikation des deutschen Entwicklungsexperten
mit Einheimischen und die Bereitschaft, mit der Bevölkerung eines abgele-
genen Gebietes in Freundschaft zu verkehren, bedeutend größer als zwischen ebendenselben "einfachen" Leuten und ihren "gebildeten" Volksver-
tretern in der Hauptstadt. In der Praxis sind wir jedoch leicht dazu bereit, uns über die Darstellung(sform) anderer Gesellschaften zu einigen,
ohne auch nur den einfachsten Versuch zu unternehmen, nach den möglichen
"Innenansichten" der anderen zu fragen.

Dafür gibt es aus ethnologischer Sicht zwei Möglichkeiten, die sich um
die Begriffe "Empathie" und "emische Betrachtungsweise" drehen.

Zumindest der erste Terminus wurde nicht von Ethnologen erfunden. Er wird aber in der entwicklungspolitischen Aus(Bildung) mit zunehmender Häufigkeit verwendet. Fachkräfte sollen einen "empathischen Zugang" zu den fremden Kulturen finden, in denen sie tätig sein werden. In den meisten Wörterbüchern fehlt das nur schwer zu übersetzende Fremdwort, und es ist vielleicht bezeichnend, daß gerade der US-Politiker Fulbright den Begriff gleich mehrfach in seinem Band über den "Wahn der Macht", die US-Politik seit 1945, verwendet (1989). Fulbright benutzt "Empathie" im Sinne von Einfühlungsvermögen, "die Fähigkeit, die Welt so zu sehen, wie andere sie sehen, und die Möglichkeit in Rechnung zu stellen, daß andere vielleicht etwas sehen, was uns entgangen ist, oder daß sie es richtiger sehen" (S. 284f).

Hier geht es um die Beziehung zwischen den beiden Supermächten, die besonders auch im Hinblick auf die USA als Betrachter von einem Mangel an Empathie geprägt sei. Im Zusammenhang seiner Verwendung des Begriffs bedeutet Empathie für den Autor nicht totale Zustimmung, sondern vor allem Verständnis für andere Sichtweisen, die ihre eigenen historischen Gründe haben mögen.

Besonders Ethnologen verwenden häufiger den Terminus "Emik" oder "emische" Sicht- oder Herangehensweise im Gegensatz zur "etischen". Gemeint ist die Perspektive des Betroffenen, d. h. der Beobachter bedient sich der Konzepte und Unterscheidungen, die für die Beobachteten sinnvoll und angemessen sind. Im anderen Fall, der etischen Perspektive, geht es entsprechend um Konzepte etc., die für den Beobachter sinnvoll sind. "Emische Beschreibungen und Analysen sind dann adäquat, wenn sie die Weltsicht der Beobachteten so wiedergeben, wie diese selbst sie als real, sinnvoll und angemessen empfinden" (Harris 1989: S. 27). Bei der emischen Herangehensweise kann es nicht um richtig oder falsch gehen.

Ein Problem bleibt jedoch selbst bei einer den Positionen des betroffenen Landes gegenüber aufgeschlossenen Berichterstattung bestehen: wenn

wir "Innenansichten" von anderen Ländern in Erfahrung bringen wollen,
könnte dabei herauskommen - und mit größter Sicherheit wird dies auch erfolgen -, daß sich jene besonders laut zu Wort melden und ihre Vorstel-
lungen durchzusetzen versuchen, die die Macht haben und die wie der ägyptische Gouverneur oder der Leiter des Tourismusamtes einer oberägypti-
schen Provinz dem Verfasser bei seinen völkerkundlichen Untersuchungen
1979-85 den Rat mit auf den Weg gaben, doch bitte ja nur "goods things"
zu schreiben.

Die Positionen der breiten Masse der Bevölkerung kommen da schon bedeutend weniger zum Ausdruck und sind für den ausländischen Autor nur mit
größtem Aufwand zu erfassen. Indem er sich aber mit dieser Situation aus-
einandersetzt, leistet er bereits einen wichtigen Schritt für eine neue
Art der Länderkunde, die sich bewußt ist, daß es ebensowenig auf Seiten
der Schreiber die objektive Wahrheit gibt wie auch auf Seiten der Beschriebenen. Wenn (ausnahmsweise) einmal in der Vergangheit auf in den
bearbeitenden Ländern erstellte Quellen zurückgegriffen wurde, so war es
zumeist die "Hofberichterstattung" der Ministerien und Statistischen Ämter, die sogar noch mit Zahlen ihre eigenen "Wahrheiten" schufen.

In der Praxis dürfte es natürlich sehr problematisch sein, die anderen
Positionen, die vor allem nicht so praktisch zum Abschreiben aufbereitet
sind, zu erfassen. Zur Geschichte des heutigen Ägyptens gehören nun einmal zahllose arabischsprachige Quellen, und die Geschichte von Burkina
Faso läßt sich sogar oft nur über die orale Tradition in Erfahrung bringen.

Sowohl beim empathischen wie beim emischen Ansatz einer Länderkunde ist
es jedoch unerläßlich, diese Äußerungen oder Positionen zumindest mit zu
berücksichtigen. Ist daher überhaupt eine Veränderung der Länderkunde
auf einer derartigen Grundlage zu erwarten? Sicher ist eine Lösung des
Problems in der Definition des Zieles zu suchen: es kann dabei nicht darum gehen, **alle** (schriftlich) geäußerten Meinungen zu erfassen oder gar

noch durch intensive Feldforschung orale Traditionen in Erfahrung zu
bringen. Vielmehr ist die umfassende Berücksichtigung der "Stimme des
Gastlandes" ein Idealziel, das so weit, wie es im Einzelfall eben möglich ist, anzustreben ist. Die bewußte Nichbeachtung von zentralen Quellen aufgrund von Zeitdruck oder mangels Sprachkenntisse ist jedoch kein
Entschuldigungsgrund und führt von der Zielerreichung ab.

Im konkreten Fall wäre es bei der Behandlung eines Landes wie Tunesien,
für das Selbstdarstellungen und -definitionen inzwischen in Form von Tausenden von Quellen vorliegen, die ein hohes Maß an Differenzierungsfähig-
keit und vielfach auch an Unabhängigkeit vorweisen, sicher nicht ausreichend, einige "plausible" Darstellungen aufzunehmen und (am Rande) mitzu-
berücksichtigen. Vielmehr kann und muß sich eine gute und kulturzentrier-
te Länderkunde Tunesiens sehr stark auf Primärquelle stützen. Die ebenfalls im Übermaß vorhandenen Werke von ausländischen Autoren können diese Quellen ergänzen und gegebenfalls auch relativieren.

Im Hinblick auf die Sahelländer zum Beispiel steht sehr viel weniger Material aus der Feder von Einheimischen zur Verfügung, und so wäre schon
der Versuch, dieses Wenige in die Darstellung zu integrieren, als positiv zu bewerten. Allerdings sollte man sich vor allzu vorschnellen Ent-
schuldigungen hüten, es gäbe keine inländischen Quellen.

Häufig wird zu wenig gesucht, und häufig verleitet auch die mangelnde
Sprachkenntnis der Bearbeiter zu Fehlschlüssen, wobei erwartet werden
kann, daß eine empathische oder emische Betrachtungsweise auch Beiträge
in anderen einheimischen Sprachen als den Verkehrssprachen mitberücksich-
tigt. Manche wissenschaftliche Arbeit, die mit der so beliebten Floskel
beginnt "bisher lagen zu diesem Sachverhalt so gut wie keine Quellen
vor", erwiese sich vor dem Hintergrund des Materials bereits in arabi-
scher oder persischer Sprache als keineswegs so neu und schon gar nicht,
wenn vielleicht zu einem Thema Texte in Mor (Mossi-Sprache in Burkina
Faso) zugänglich wären.

Dieser Sachverhalt gilt aber bereits für Arbeiten, die in "zugänglichen"
Sprachen wie englisch oder französisch verfaßt sind, nur nicht in den europäischen Metropolen. Die sozialwissenschaftlichen Institute der Universitäten von Kairo oder Karthum enthalten zum Beispiel eine Fülle von Ma-
gisterarbeiten oder Dissertationen über Themenstellungen, die bei uns
vorschnell als "endlich einmal systematisch bearbeitet" erneut auftau-
chen können. Hinzu kommen die Arbeiten in der Landessprache, nach denen
man auch in weniger bekannten Universitäten einmal nachforschen sollte
(Für Ägypten z. B. el-Minia oder Assiut).

3. Facit

Aus ethnologischer Sicht muß eine Länderkunde, die die im zu behandelnden
Land vorhandenen Selbstbetrachtungen und -reflexionen nicht oder weder
aus emischer Sicht noch mit einem Mindestmaß an Empathie berücksichtigt,
nicht nur unvollständig bleiben, sondern sie entlarvt sich häufig als eine Verzeichnung der Realität.

Verbesserungen sind zwangsläufig schon aufgrund des zumeist vorhandenen
Sprachproblems sicher nicht einfach. In einem ersten Schritt kann jedoch
verlangt werden, daß sich die Verfasser von Länderkunden mit jenem Fun-
dus von Material auseinandersetzen, das im zu bearbeitenden Land zumeist
im universitären Bereich und zum Teil in international weit verbreiteten
Sprachen verfaßt, vorhanden ist. In einem zweiten Schritt sollte sich
der Bearbeiter die Mühe machen, auch jene Quelle einzubeziehen, die in
der Landessprache geschrieben sind. In beiden Fällen kann erwartet werden, daß im Sinne der Fulbright´schen Verwendung des Begriffs der "Empathie" auch eine Sichtweise aus dem behandelten Land zugelassen wird, die
der Verfasser vielleicht selbst nicht billigt oder versteht, die aber offensichtlich den Menschen selbst dort wichtig ist.

4. Anmerkungen

(1) Der Begriff der **Länderkunde** entbehrt bisher einer einheitlichen Definition. Im folgenden sei daher unter der **Länderkunde** einerseits
jede schriftliche Arbeit verstanden, die mehr oder weniger umfassende Kenntnisse über ein Land vermitteln will und dafür aus verschiedenen Sachgebieten möglichst relevante Informationen anbietet.

Länderkunden können mit dem Anspruch auftreten, detailliert zu informieren (vgl. Schamp über Ägypten 1977) oder sich bei der Darstellung auf das für die Kenntnisse des Landes "Wichtigste" beschränken
(z. B. Länderhefte der Bundeszentrale für politische Bildung in der
Reihe "Informationen zur politischen Bildung"). Andererseits meint
die Länderkunde die umfassende verbale Information über ein Land,
zu der die schriftliche Information ergänzend verwendet werden kann
(z. B. der Themenbereich der Länderkunde bei allen Entwicklungs-
kräfte ausbildenden Institutionen). Ein Film allein stellt demnach
keine Länderkunde dar, da der Anspruch einer umfassenden Behandlung
des jeweiligen Landes - so relativ der Begriff "umfassend" auch
sein mag - mit diesem Medium kaum zu realisieren ist.

(2) So behandelt die Ausbildungsstätte für Entwicklungsfachkräfte der
deutschen Stiftung für Internationale Entwicklung in Bad Honnef in
ihren Curricula z. B. Stichworte wie Kultur, kulturelle Identität
etc. zunächst unter dem entwicklungshilfeorientierten/-untergeord-
neten Begriff "Armutsorientierung". Kommen die Teilnehmer dann zum
eigentlichen länderkundlichen Teil des Curriculums, so besteht die
Gefahr, daß dieser Ausbildungsteil nur noch als zusätzliche Hinter-
grundinformation aufgenommen wird über ein Land/eine Kultur der Armut. Entsprechend kann es dazu kommen, daß die Teilnehmer dann Religion, familiäre Struktur, ethnische Identität usw. nur noch als un-
tergeordnete Aspekte eines armutgeprägten Alltags wahrnehmen (al-

88

lerdings ist zu diesem Zeitpunkt eine Relativierung der entwicklungspolitischen Lage des späteren Gestlandes kaum noch möglich -
ggf. auch für die Beteiligten wünschenswert -, da die Entscheidung
für den (Hilfs)Einsatz längst getroffen und kaum mehr revidierbar
ist/sein soll).

Literatur

FULBRIGHT, J. William (1989): Wahn der Macht. US-Politik seit 1945,
München

HARRIS, Marvin (1989): Kulturanthropologie. Ein Lehrbuch, Frankfurt

PLÜSS, Christine (1989): "Nach uns die Sintflut - Tourismus und Umwelt
am Beispiel der Malediven" in: EULER, Claus (Hrsg.): "Eingeborene" -
ausgebucht. Ökologische Zerstörung durch Tourismus (Ökozid 5),
Gießen, S. 133-148

SCHAMP, Heinz (Hrsg.) (1977): Ägypten. Das alte Kulturland am Nil auf
dem Weg in die Zukunft. Raum - Gesellschaft - Geschichte - Kultur -
Wirtschaft, Tübingen/Basel.

STAGL, Justin (1985): Völkerkunde und Entwicklungshilfe, in: BLISS,
Frank/ERLENBACH,, Walter (Hrsg.): Ethnologie, Entwicklung und der sozio-kulturelle Kontext (Beiträge zur Kulturkunde 2), Bonn, S. 149-
163.

WAS KANN DIE GESCHICHTSWISSENSCHAFT HEUTE ZU EINER LÄNDERKUNDE BEITRAGEN

Von: Kurt Düwell

Als im Jahre 1979 die Revolution im Iran zu einer "Fundamentalisierung" der iranischen Gesellschaft führte, waren westliche Politiker von diesem "plötzlichen" Umschwung völlig überrascht. Man hatte die iranische Gesellschaft, die sich mitten in einer beschleunigten Modernisierung zu befinden schien, fast schon für eine westliche Industriegesellschaft gehalten. Der Umbruch kam wie ein Schlag. Und es scheint, daß damals selbst von den westlichen Geheimdiensten die unter der Oberfläche stattfindenden kulturellen und weltanschaulichen Auseinandersetzungen und Spannungen in der iranischen Gesellschaft kaum bemerkt worden waren. Nur einige Wissenschaftler - Islamisten, Kultursoziologen und -historiker - hatten vor der scheinbar zügigen Modernisierung des Landes gewarnt oder doch wenigstens Bedenken geäußert, da die schnelle Industrialisierung mit der inneren und mentalen Einstellung der iranischen Gesellschaft keineswegs parallel lief und die traditionalen religiösen und ethischen Wertvorstellungen mit dem äußeren Erscheinungsbild der Entwicklung keineswegs übereinstimmten. Die Normen der islamischen Gesellschaft und die Ansprüche einer staatlich verordneten Modernisierung klafften nämlich mehr auseinander, als es bei einer aktuell äußerlich betriebenen Sondierung den Anschein hatte. Es fehlte der politischen Betrachtung von außen sozusagen die historische Tiefendimension.

Das Beispiel zeigt nicht zuletzt das Problem einer wissenschaftlichen Beratung der Politik an; denn in diesem Falle darf davon ausgegangen werden, daß der Stand der Islamkunde und der Kenntnisstand der kulturhistorischen und -soziologischen Wissenschaften von der "praktizierenden" Politik in den USA, in Großbritannien, Frankreich und in der Bundesrepublik Deutschland gleicherweise kaum hinreichend registriert worden war.

Die moderne Islamkunde ist das Ergebnis eines wissenschaftlichen Paradigmenwechsels, der in den letzten achtzig Jahren stattgefunden hat und dazu führte, daß diese zunächst religions- und sprachwissenschaftliche Disziplin mehr und mehr durch kulturhistorische und -soziologische Betrachtungsweisen ergänzt wurde. Der Islamist Carl Heinrich Becker, Staatssekretär und schließlich auch Chef des preußischen Kultusministeriums in den Jahren 1919 - 1930, hatte diesen Wandel zuvor als Professor in Hamburg und Bonn in seiner Wissenschaft schon durchgesetzt, als er seit 1916 im Preußischen Kultusministerium daranging, die zahlreichen Hochschul-Philologien durch eine grundlegende Auslandskunde zu ergänzen. Diese damals als "Auslandsstudien" bezeichneten Komplimentarisierungsbemühungen schlossen neben historischen vor allem soziologische Informationen über fremde Staaten und Gesellschaften ein, sie hatten nach Beckers Auffassung zugleich den Zweck, "weltpolitische Bildung" zu vermitteln und einen philologischen Purimus in den Studien fremder Sprachen zu vermeiden.

Becker selbst hat die Islamistik vor allem durch wichtige Beiträge über die ägyptische Gesellschaft und durch historisch-politische Aufsätze über die Türkei bereichert. Nach seinem Ausscheiden als preußischer Kultusminister 1930 hat er noch eine für die wissenschaftsorganisatorische Entwicklung der modernen Sinologie wichtige Chinareise unternommen und auch für die Sinologie selbst eine stärkere Berücksichtigung historischer und soziologischer Forschung reklamiert. Die von ihm ausgehenden Impulse sind dann vom Nationalsozialismus zum Teil pervertiert worden und haben in einer gewissen "Geopolitik" einerseits und andererseits in

einer rassistischen Interpretation der Geschichte und der Gesellschaft
eine fürchterliche Verzerrung erfahren. Beckers historisches Verdienst
bleibt es aber, die landeskundlichen Aspekte der fremdsprachlichen Studi-
en in einem umfassenden Sinn vor allem in die Orientalistik einbezogen
und damit auch andere Philologien zu einer ähnlichen Korrektur ihrer Wissenschaft in einem breiteren kulturellen Sinne gebracht zu haben.

Die von Becker geforderte Berücksichtigung von Auslandsstudien in den
Sprach- und Religionswissenschaften, aber auch in anderen Disziplinen,
bezog sich noch in erster Linie auf Länderkunde im Sinne von Wirt-
schafts- und Sozialgeographie bzw. Kulturgeographie, verbunden mit Kul-
turgeschichte und Kultursoziologie fremder Staaten und Gesellschaften.
Die heutige Länderkunde als eine selbständige Disziplin schließt auch hi-
storisch-politisches und sozio-ökonomisches Informationsmaterial mit
ein. Die Frage ist: Was kann die Geschichtswissenschaft zu einer modernen Länderkunde dieser umfassenden Art beitragen? Die Antwort könnte lau-
ten: Sie kann zunächst - und das sollte ihre genuine Aufgabe in dieser
Kooperation sein - das Verständnis der heutigen politischen Verfassung
und der gegenwärtigen Befindlichkeit der Kultur, der Gesellschaft und
Wirtschaft eines Landes, mit anderen Worten: der Gewordenheit seiner Gegenwart - verbessern helfen. Dadurch kann sie dazu beitragen, einen
wacheren Sinn für die zeitliche Dimension der gegenwärtigen Gesell-
schafts- und Verfassungszustände eines Landes zu wecken. Gegenüber der
kurzfristigen, oft fast schon punktuellen Gegenwartsperspektive und -ana-
lyse kann sie den Sensus für die mittel- und langfristigen kulturellen
und gesellschaftlichen Bewegungen aktivieren und der Länderkunde damit
ein besseres Sensorium für die Genese, aber auch für die Dynamik von gesellschaftlichen Verläufen und Entwicklungen vermitteln.

Da die Geschichtswissenschaft vorwiegend eine gesellschaftswissenschaft-
liche Disziplin geworden ist, dürfte sie für die moderne Länderkunde, gerade in der Verbindung mit der historischen Soziologie, eine erkenntnis-
fördernde Funktion haben. Kontinuität und Wandel von Führungsgruppen

(Eliten), ihre Sozialisationsgeschichte wie z. B. die Formation und Rolle der technischen Intelligenz im Rahmen der Säkularisierung und der Modernisierung entstehender und schon existierender Industriegesellschaften - dies alles sind Fragen, die nicht nur den Historiker selbst interessieren, sondern auch für eine moderne Länderkunde von Bedeutung sein können. Die entsprechenden Forschungsergebnisse vermögen nicht nur das Verständnis einer bestimmten Gesellschaft zu erleichtern, sondern auch eine vergleichende Betrachtung zwischen verschiedenen Gesellschaften möglich zu machen.

Für das Verständnis fremder Gesellschaften hat sich in den letzten 15 - 18 Jahren z. B. ein historisches Thema der NS-Zeit als außerordentlich fruchtbar erwiesen: Nämlich der Exodus der von den Nationalsozialisten aus Deutschland vertriebenen Menschen, die in den verschiedensten Ländern der Welt Zuflucht suchen mußten. Ihre Integration und Akkulturation, die Sozialisation ihrer Kinder in den fremden Gesellschaften haben vielfach Mentalitäten und Werthaltungen in diesen Ländern erkennen lassen, die in ihrem Kontrast oder auch in ihren Ähnlichkeiten mit den Einstellungen der Heimatgesellschaft der Flüchtlinge wichtige Einsichten über das Gastland vermittelt haben. Hier liegt zum Teil ein noch ungehobener Schatz historischer Erfahrungen über fremde Länder, der gerade wegen seiner relativen Nähe zur Gegenwart von besonderem Interesse sein kann, weil darin Verhaltensmuster und Wertvorstellungen deutlich werden, die unter Umständen auch noch die aktuellen Verhältnisse des Gastlandes heute prägen. Diese Berichte der Exilanten stammen zwar nur in den seltensten Fällen von Historikern, aber sie sind natürlich von enormem historischem Quellengewicht. So ist z. B. Fritz Neumarks Buch "Zuflucht am Bosporus" (1980), das sozusagen die Aufnahme der deutschen akademischen "Gastarbeiter" in der Türkei nach 1933 schildert, ein hervorragendes Zeugnis über Bildungsstand, Einstellungen und Verhaltensweisen der damaligen türkischen Gesellschaft, über die wissenschafts- und gesellschaftspolitischen Ziele der türkischen Schul- und Hochschulreformen der dreißiger Jahre und selbst noch über die politische und gesellschaftliche Ent-

wicklung der Türkei nach dem Zweiten Weltkrieg, da Neumark noch bis 1952
in der Türkei lehrte. Von ähnlichem Wert sind, um beim selben Land zu
bleiben, die Briefe Ernst Reuters aus seiner türkischen Emigrationszeit,
die seit 1972 im Auftrag des Berliner Senats herausgegeben wurden. Diese
Emigranten lernten hier und in anderen Zufluchtsländern nicht nur die
Sprache des Gastlandes, sondern erlebten gleichsam von innen heraus die
politische und gesellschaftliche Verfassung, die anderen Normen und Formen des Umgangs, die kulturellen und oft auch die religiösen Traditionen, so daß ihre Lebensberichte das wertvolle Fazit eines langen und
oft mühsamen interkulturellen Lernprozesses sind.

Die Exilantenliteratur und -forschung ist aber nur eines von vielen Beispielen für eine mögliche Kooperation zwischen einer modernen Länderkunde und der Geschichtswissenschaft, wie z. B. bei der Stadtgeschichts-
forschung oder in der historischen Erforschung des Verhältnisses zwischen Stadt und Land, denkbar. Hier vermag wohl die Stadtgeschichte der
europäischen Industrialisierung des 19. Jahrhunderts manchen interessan-
ten Vergleich mit der heutigen Stadtentwicklung in den Ländern der Dritten Welt zu ermöglichen, wobei natürlich auch markante Unterschiede zu
nennen wären. Ähnliches gilt für die Stadt-Land-Problematik. Was den für
eine moderne Länderkunde heutigen wichtigen Teil der Entwicklungsländer
überhaupt betrifft, so dürften die inzwischen fest etablierten For-
schungen zur Geschichte der Dekolonialisierung oder über die Assozi-
ierung der früheren Kolonialgebiete mit der europäischen Gemeinschaft
seit den 60er Jahren ebenfalls zu wichtigen Bezugspunkten für die Länderkunde geworden sein. Beispielsweise enthalten die Assoziierungsabkommen
von Jaunde (1963), Lagos (1966), Arusha (1968) und das seit 1969 mehrfach erweiterte Abkommen von Lomé wichtige Vereinbarungen über wirtschaftliche Beziehungen, die die ökonomische Struktur der beteiligten
Länder nachhaltig geprägt haben. Dies alles ist zwar inzwischen Geschichte geworden, gehört aber immer noch zu den prägenden Kräften der
Entwicklung in diesen Ländern. Als letztes Stichwort sei hier nur noch
die historische Reiseliteratur genannt, die mit ihren oft reichhaltigen

Angaben über fremde Länder zuweilen auch heute noch von Interesse sein kann.

Insgesamt läßt sich wohl sagen, daß der Beitrag der Geschichtswissenschaft zu einer modernen Länderkunde vielfältiger Art sein kann. Als Hauptmerkmal erweist sich dabei der Aufweis von Wurzeln heutiger Strukturen, die besser zu verstehen sein dürften, wenn man die Geschichte ihrer Genese genauer kennt.

LANDESKUNDE ALS BESTANDTEIL DER NEUEREN SPRACHEN IN SCHULE UND HOCHSCHULE

Von A. Göllner

Im Fremdsprachenunterricht in der Schule und im Fremdsprachenstudium an der Universität spielt die Landeskunde der Zielsprachenländer eine mehr oder weniger große, aber nicht immer eigenständige Rolle. Im folgenden werden die Funktionen, Inhalte und Vermittlung der Landeskunde im Fremdsprachenunterricht bzw. -studium (unter besonderer Berücksichtigung des Englischen und des Französischen) dargestellt, und es wird überlegt, wie das Spektrum der Inhalte eventuell noch erweitert werden könnte.

a. Definition der Landeskunde

"Landeskunde" wird verstanden als Vermittlung von geographischen, geschichtlichen, politischen, wirtschaftlichen, sozialen und kulturellen Aspekten (Strukturen, Institutionen, Prozesse, Probleme, etc.) eines Landes (bzw. eines Teils dieses Landes).

b. Funktion der Landeskunde

Im Fremdsprachenerwerb und Fremsprachenstudium hat Landeskunde die Funk-

tion, das Land/die Länder und die Kultur/en der Sprechergemeinschaft/en
der Zielsprache kennenzulernen und zu verstehen. Es handelt sich nicht
nur um die Vermittlung bzw. Aneignung von Wissen und Fertigkeiten, sondern auch um die Entwicklung von Fähigkeiten zur interkulturellen und
transnationalen Kommunikation. Der Gedanke der transnationalen Kommunika-
tionsfähigkeit als Ziel des Fremdsprachenunterrichts wurde von einem For-
schungsteam des Deutsch-Französischen Instituts in Ludwigsburg entwickelt (ROBERT BOSCH STIFTUNG/DEUTSCH-FRANZÖSISCHES INSTITUT 1982), ausgehend von der zunehmend alle Bereiche von Gesellschaft und Wirtschaft
erfassenden internationalen Verflechtung und der dadurch bedingten Notwendigkeit des Mehrsprachenerwerbs.

Im Fremdsprachenunterricht werden durch den Erwerb einer fremden Sprache
und die damit implizit und explizit vermittelte Landeskunde auch die eigenen Sprache und Kultur reflektiert und relativiert, sowie Bewußtsein
für Andersartigkeit entwickelt. Ziel des Fremsprachenunterrichts sollte
es sein, Verständnis und Einfühlungsvermögen für andere Wertesysteme und
Verhaltensstrukturen anderer Kulturen zu erwecken bzw. zu steigern, und
somit negative Vorurteile und (ethnozentrische) Voreinstellungen sowie
Klischees bewußt werden zu lassen und abzubauen.

Bei allem Bemühen um Realitätsnähe, Anschaulichkeit und Affektivität
können Unterricht und Studium fremde Kulturen jedoch nur begrenzt erfahr-
bar machen. Funktion der Vermittlung von Landeskunde ist es somit insbesondere, Neugier und Interesse zu wecken und Prozesse zu initiieren.

c. "Landeskunde der Zielsprachenländer"

Wenn von Landeskunde der Zielsprachenländer im Französich- und Englisch-
unterricht bzw. -studium die Rede ist, handelt es sich in erster Linie
um die Landeskunde von Frankreich, Großbritannien und den Vereinigten
Staaten von Amerika.

Französisch und Englisch werden jedoch nicht nur von Franzosen und Engländern bzw. Amerikanern täglich gesprochen.

Französisch ist Muttersprache von 75 Mio. Menschen in Europa (Frankreich, Belgien, Luxemburg, der Schweiz, im Aostatal und auf der Insel Jersey) und Übersee (in den französischen Überseegebieten, Quebec, Haiti und den Antillen). Außerdem ist Französisch offizielle Sprache in 18 afrikanischen Staaten. (RAABE 1989: 310)

Die Zahl der native speakers des Englischen wird derzeit auf ca. 300 Mio. geschätzt. (KNAPP 1989: 305). Das Englische ist nicht nur Muttersprache (z. B. in Großbritannien, Irland, USA, Canada, Australien und Neuseeland), sondern auch Zweitsprache, nämlich in den ehemaligen britischen Kolonien Afrikas, Asiens und Mittelamerikas.

Angesichts dieser Tatsachen ist es verwunderlich, daß sich Landeskunde im Englisch- und Französischunterricht fast ausschließlich auf die "Ursprungsmuttersprachenländer" Frankreich und England sowie die USA beschränkt. Landeskundliche Darstellungen von englisch- und französischsprachigen Ländern der Dritten Welt, die diese Sprachen mit der Kolonialisierung übernehmen mußten und deren Einwohner sich dieser Sprachen heute noch bedienen, um außerhalb ihres Kulturkreises verstanden zu werden, fehlen fast völlig. Ein riesiges Potential länderkundlicher Informationen, die sich in der Literatur dieser Länder verbirgt, bleibt ungenutzt.

Wenn Länder der Dritten Welt erwähnt werden, so ist es häufig im Zusammenhang mit der Kolonialisierung, dem Commonwealth oder der Frankophonie. Aktuelle Probleme werden ausgespart.

An allgemeinbildenden Schulen in der Bundesrepublik lernen derzeit (1985/86) 4.402.518 Personen Englisch und 1.215.646 Personen Französisch

(KNAPP 1989: 306). Diesen Menschen sollte während ihrer Schulzeit auch
im Fremdsprachenunterricht bewußt werden, daß es Völker und Kulturen auf
der südlichen Halbkugel gibt, die wahr- und ernst genommen werden wollen.

Das Angebot Dritte Welt bezogener Veranstaltungen an den Universitäten
ist bisher ebenfalls sehr dürftig. An den Universitäten Köln und Bonn
liegt der Anteil der Veranstaltungen dieser Art in der englischen und
französischen Philologie unter 2%.

d. Vermittlung von Landeskunde

1. Landeskunde in der Hoschschule

Landeskunde hat im Philologiestudium an der Universität nicht den gleichen Stellenwert wie die Linguistik oder die Literaturwissenschaft. Lehr-
stühle mit dem Forschungsschwerpunkt "Landeskunde" sind äußerst rar, und
so bleibt die Vermittlung von Landeskunde den ausländischen Lektoren und
dem sogenannten "Mittelbau" überlassen.

Eine Auszählung der erkennbar landeskundlichen Veranstaltungen der Fakul-
täten Anglistik und Romanistik an den Hochschulen von Köln und Bonn be-
stätigt den geringen Stellenwert der Landeskunde überhaupt: Der Anteil
der Landeskunde-Veranstaltungen an der Gesamtzahl der Veranstaltungen variiert von 5 bis 10 Prozent. Es muß jedoch eingeräumt werden, daß natürlich auch literaturwissenschaftliche und linguistische Vorlesungen, Seminare und Übungen (auch sprachpraktische) landeskundlichen Wert haben
(können). Der Sinn des Fremdsprachenstudiums wäre wohl verfehlt, wenn
beispielweise in einem Seminar über den "Frauenroman in England zwischen
den beiden Weltkriegen" oder auch "Soziolingustik" der historische und
der sozio-kulturelle Kontext nicht eingehend erötert würden.

Grundlage der Vermittlung von Landeskunde in Hochschulveranstaltungen
sind in erster Linie vom Dozenten thematisch ausgewählte authentische
Texte aus der Presse oder aus dokumentarischen Veröffentlichungen.

Was im Philologiestudium an der Universität fehlt, ist eine wissenschaftliche, systematische Länder- bzw. Landeskunde. Ein Sprachstudium ist
kein Selbstzweck, sondern Teil einer Berufsausbildung, und zur Berufsausbildung gehört Kontextwissen, das die Landeskunde liefern kann.

Will der Student sich wissenschaftlich mit der Landeskunde der Länder beschäftigen, deren Sprache er lernt, so ist er neben dem Angebot seiner
Fakultät auf andere Disziplinen, wie z. B. Soziologie, Politologie, Geschichte, Geographie, Wirtschaftswissenschaft oder Kunst angewiesen.

2. Landeskunde in der Schule

Der Stellenwert der Landeskunde im Fremdsprachenunterricht in der Schule
wandelt sich mit der Progression der Sprachkenntisse. Im Anfangsunter-
richt wird Landeskunde eher implizit vermittelt. Spracherwerb steht im
Vordergrund; Lektionen dienen die Einführung neuen Vokabulars und gramma-
tischer Strukturen anhand von Alltagssituationen, insbesondere im Rahmen von Freizeit und Familie. Nach etwa zwei Jahren des Unterrichts ge-
winnt die Landeskunde mehr Raum. Dies gilt besonders für den Englisch-
unterricht, in dem im dritten Jahr bewußt die Landeskunde Großbritannien
und im vierten Jahr die Landeskunde Nordamerikas (z. B. in den Lehrbü-
chern English G und Good English) behandelt wird. In den letzten Klassen,
d. h. in den Grund - und Leistungskursen der Oberstufe werden landeskundliche Themen auch im Französischunterricht zunehmend explizit Gegenstand
des Unterrichts.

Die vom Kultusministerium Nordrhein-Westfalens herausgegebenen Richtlinien für den Englisch- und Französischunterricht an den Oberstufen der

Gymnasien ordnen die Landeskunde in den Lernbereich "Wissenserwerb" (die anderen zwei Lernbereiche sind "Spracherwerb" und "Methodenerwerb") neben dem Sprachwissen und dem literaturkundlichen Wissen ein. Allen Lernbereichen übergeordnet ist der Umgang mit Texten (rezipierend und produzierend).

Während Landeskunde in den Richtlinien für Französisch einen eigenen Stellenwert als "landeskundliches Wissen" hat, ist sie in den Richtlinien für Englisch stärker in die Textproduktion und Textrezeption eingebunden, nämlich als "Wissen über Wirklichkeitsentwürfe in fiktionaler Vertextung und Wirklichkeitsausschnitte in nicht-fiktionaler Vertextung", bzw. als "Wissen über den Sender" und "Wissen über den Adressaten".

Die Themenbereiche sind offen formuliert (z. B. sozio-kulturelle Aspekte des angloamerikanischen Raums, wichtige Kenntnisse zum Verständnis der französischen civilisation contemporaine), doch umfassen sie die in der oben angeführten Definition genannten Aspekte der Landeskunde.

In den Richtlinien für Englisch wird darauf hingewiesen, daß die Behandlung von "Sachverhalten, die außerhalb des angloamerikanischen Kontextes anzusiedeln sind, z. B. im heutigen Afrika", möglich ist, wenn auch der Schwerpunkt bei der Thematisierung der Sachverhalte des angloamerikanischen Sprachraums liegt. Laut Richtlinien sollte die Landeskunde im Französichunterricht sehr frankreichbezogen sein. Nicht-französische Themen finden allenfalls in den Unterthemen "Frankreich und seine Beziehungen zum Ausland (besonders zu Deutschland und Europa)" und "Frankreich und die Frankophonie" Platz.

Insgesamt stellt das Programm für die Oberstufe im Bereich der Landeskunde hohe Anforderungen an den Lehrer, der durch das Studium nur partiell auf landeskundlichen Unterricht vorbereitet wurde. In der Mittelstufe liegt dem Unterricht in der Regel ein Lehrwerk zugrunde, auf das der Lehrer sich beschränken kann bzw. aus Zeit- oder Lehrplangründen muß, wenn ergänzende (Hintergrund-) Informationen auch wünschenswert und in einigen Fällen auch notwendig wären.

Als didaktische Hilfsmittel zur Behandlung landeskundlicher Themen (nach Beendigung des Lehrbuchs oder zu seiner Ergänzung) eignen sich neben authentischen und fiktiven Texten (bequem sind hier "Dossiers", in denen relativ aktuelle Texte thematisch zusammengestellt sind) u. a. Filme, Dias und Karten. Bei den Texten kann es sich um literarische oder Sachtexte handeln. Inhalte über Politik, Wirtschaft, Gesellschaft, Kultur, Geographie und Geschichte stehen im Vordergrund.

Bei der Vermittlung von Landeskunde ist ein sinnvoller Ansatzpunkt der persönliche Erfahrungsbereich des Lernenden. Dies steigert die Motivation, löst Betroffenheit aus und erleichtert dem Lernenden den Zugang zu fremden Kulturen. Und bei diesen "fremden Kulturen" sollte es sich nicht nur um französische, britische und amerikanische Kulturen handeln. Die Sprachen Englisch und Französisch ermöglichen den Zugang zu zahlreichen anderen Kulturen, z. B. der Dritten Welt, wie oben dargestellt. Insbesondere der Integration dieser Kulturen in die Landeskunde im Rahmen des Fremdsprachenunterrichts gelten die folgenden Überlegungen:

Zunächst stellt sich wegen der Komplexität der Kulturen das Problem der Selektion von Themen nach den Kriterien der Relevanz für die betroffene Gesellschaft, der Aktualität und des Bezugs zu der Lerngruppe

Besondere Motivation, sich für andere Kulturen zu interessieren, schaffen z. B. aktuelle Ereignisse, Partnerschaften, Patenschaften, Briefkontakte, Ausländer in der BRD, Ausstellungen oder Filme. Die heutigen Kommunikationsmöglichkeiten und Massenmedien (wie z. B. das Breitbandkabel) leisten bereits einen Beitrag zu Verringerung der Distanzen zwischen den Kulturen.

Ein weiterer möglicher Ausgangspunkt für landeskundliche Dritte Welt Themen könnten die Bindung zur ehemaligen Kolonialmacht (Commonwealth, Frankophonie etc.) oder auch internationale Probleme und Phänomene (z. B. Mi-
grationen, Tourismus, Umwelt) sein. Nur darf es nicht (immer) dabei bleiben, denn die eigene Identität der heute unabhängigen Länder sollte häufiger in den Vordergrund treten. Zahlreiche anglophone und frankphone Autoren aus Ländern der Dritten Welt haben ihre Werke in heimischen und europäischen Verlagen veröffentlichen können und sind somit in vielen Fällen auf dem europäischen Markt erhältlich. Außerdem dürfte es Sprach-
lehrern keine Schwierigkeiten bereiten, deutsch- und fremdsprachige Zei-
tungen und Zeitschriften in dieser Hinsicht auszuwerten, Dossiers zusam-
menzustellen und gegebenfalls eigene themenspezifische Texte zu redigie-
ren, letzteres nicht nur wegen der Reduktion der Komplexität und der Ver-
einfachung der Sprache, sondern auch aus zeitökonomischen Gründen.

Selbstverständlich können im Fremdsprachenunterricht nicht alle Länder,
in denen die zu erlernende Sprache Mutter-, offizielle oder Verkehrs-
sprache ist, ausführlich behandelt werden. Vielmehr könnten länder- und
gesellschaftsübergreifende Probleme oder Phänomene unter dem Aspekt der
Verflechtung und Internationalisierung Gegenstand des Unterrichts sein,
was nicht ausschließt, daß auch gelegentlich ein länder- oder kulturspe-
zifisches Thema oder ein individuelles Problem (mit einer gewissen Ex-
emplarität) Raum finden können.

Noch sind diese Ziele - vor allem in Bezug auf die Landeskunde der Länder der Dritten Welt - in den Lehrplänen der Schulen und in den Curricula der Universitäten nicht fest genug verankert. Sehr wichtig ist die
Aus- und Fortbildung von Lehrern, denn sie sind Erzieher und Multiplikatoren.

Literatur

KNAPP, K., "Englisch". In: Bausch, K.-R., Christ, H., Hüllen, W., Krumm, H.-J.: Handbuch Fremdsprachenunterricht, Tübingen 1989, S. 305-309

RAABE, H., "Französisch". In: Bausch, K.-R., Christ, H., Hüllen, W., Krumm, H.-J.: Handbuch Fremdsprachenunterricht, Tübingen 1989, S. 310 -313

Rektor der Universität zu Köln (Hrsg.): Vorlesungsverzeichnis für das Wintersemester 1989/90, Köln 1989

Rheinische Friedrich-Wilhelms-Universität Bonn: Vorlesungsverzeichnis für das Wintersemester 1989/90, Bonn 1989

Robert-Bosch-Stiftung/DFI (Hg.): Fremdsprachenunterricht und internationale Beziehungen. Die Rolle der Landeskunde im Französisch-unterricht, Gerlingen: Bleicher 1982, 61 S.

VERMITTLUNG LÄNDERKUNDLICHER INFORMATIONEN FÜR MULTIPLIKATOREN IN DER AUSLÄNDERBETREUUNG
- ein Praxisbericht -

Von Willi Stevens
     Hans Hemmersbach

1 Einleitung

Seit 1981 bietet das isoplan-Institut in Saarbrücken im Auftrag des Bundesarbeitsministeriums eine bundesweit angelegte Länderkundliche Seminarreihe an. In jährlich rd. 60 2- oder 3-tägigen Veranstaltungen wird deutschen Lehrern, Ausbildern und sonstigen Beratern und Betreuern in der Ausländerarbeit die Möglichkeit geboten, sich über die sozialen, kulturellen, wirtschaftlichen und politischen Lebensbedingungen in den wichtigsten Herkunftsländern ausländischer Arbeitnehmerfamilien zu informieren. Das Seminarangebot umfaßt dabei die Länder Türkei, Jugoslawien, Spanien, Portugal und Griechenland. Die Seminare stehen jährlich rd. 1.300 Interessenten offen.

Ziel der Seminare ist es, die Teilnehmer möglichst umfassend über die Situation in den Herkunftsländern zu informieren, um dadurch zu einem besseren Verständnis der Integrationsprobleme der Ausländer beizutragen und den Umgang mit ihnen zu erleichtern. Nachfolgend werden die Prämissen des entsprechenden Seminarkonzeptes vorgestellt und Struktur und Inhalt der Länderkundlichen Seminarreihe im Jahre 1989 erläutert.

2 Prämissen einer länderkundlichen Seminardidaktik

Die Zielsetzung einer länderkundlichen Informationsverarbeitung basiert
implizit auf zwei Grundannahmen, die bei der Zielsetzung und Entwicklung
eines Seminarkonzeptes in Betracht zu ziehen sind. Sie gehen davon aus,
daß

(1) das individuelle Verhalten von Ausländern in der Bundesrepublik und
    ihre persönlichen Probleme in besonderem Maße durch kulturspezifi-
    sche Sozialisationsbedingungen in den Heimatländern zu erklären
    sind und daß

(2) die Information von Lehrkräften der ausländischen Jugendlichen über
    eben diese Bedingungen automatisch zu einem besseren Verständnis
    der jungen Ausländer und zu einem Abbau ihrer Probleme führen
    könne.

2.1 Das Konzept der "Modal-Persönlichkeit" als Erklärungsmodell für das Verhalten von Ausländern in der Bundesrepublik

Die Grundannahme, daß das Verhalten junger Ausländer in der Bundesrepublik weitgehend durch kulturspezifische Sozialisationsbedingungen in
ihren Heimatländern zu erklären ist, hat ihre Wurzeln sowohl in der sozialwissenschaftlichen Tradition als auch im vorwissenschaftlichen Denken. Der Begriff der "Kultur", definiert als "Gesamtheit der erlernten
Verhaltensweisen und der übernommenen Einstellungen, Wertsysteme und
Kenntnisse, die von den Mitgliedern einer Großgruppe geteilt und tra-
diert werden" (Hofstätter 1957, S. 318), impliziert zugleich die Annahme, daß die individuellen Verhaltensweisen und Orientierungen ihrer Mitglieder charakteristische Ähnlichkeiten aufweisen, die auf ähnliche Sozialisationsbedingungen zurückzuführen sind. Die ältere Völkerpsycholo-

gie hat für diese interindividuellen Ähnlichkeiten den Begriff des "Nationalcharakters" geprägt; die neuere Kulturpsychologie verwendet mehr den Begriff der "Modal-Persönlichkeit" im Sinne des statistischen Begriffs des Modus (des häufigsten Wertes in einer Verteilung). Bei diesem Begriff ging es vor allem der psychoanalytisch-kulturanthropologischen Forschung der 40er Jahre darum, komplexe kulturelle Systeme entwicklungspsychologisch als das Ergebnis weitgehend konformer Sozialisationsprozesse innerhalb der Kulturen verständlich zu machen und durch sorgfältige Bestandsaufnahmen des Erziehungsverhaltens und durch dessen psychoanalytische Interpretation zentrale Verhaltensmuster der jeweiligen Kultur zu erhellen und neu zu begründen. Diese Analysen der "kulturellen Modal-Persönlichkeiten" (z. B. bei Erikson 1950, Kardiner 1945, Kluckhohn und Murray 1948, Roheim 1947) erfolgten zunächst an relativ kleinen Gruppen (überwiegend Indianerstämmen), wurden im Laufe des Zweiten Weltkrieges dann jedoch in zunehmendem Maße auf ganze Nationen, insbesondere auf die Kriegsgegner der USA, ausgedehnt, da das Konzept des "Nationalcharakters" ein geeigneter Schlüssel für die Erklärung des vielen Amerikanern unverständlichen aggressiven Verhaltens der Deutschen und Japaner zu sein schien.

Das Konzept der "Modal-Persönlichkeit" und insbesondere des "Nationalcharakters" ist von Kaplan 1961 und von Inkeles und Levinson 1969 mit Recht kritisiert und in der sozialwissenschaftlichen Forschung und Theorie später auch kaum noch weiter verfolgt worden, da seine Nähe zur Bildung nationaler Stereotype (Vorurteile) zu offensichtlich war. Der Denkansatz selbst hat sich jedoch gleichwohl in einer populärwissenschaftlichen "Völkerpsychologie", in der politischen Propaganda, aber auch im vorwissenschaftlichen Denken erhalten, da er geeignet ist, durch ebenso einfache wie umfassende Erklärungsmuster die Unkenntnis und Unsicherheit gegenüber den gelegentlichen unverständlichen Verhaltensweisen des Ausländers zu reduzieren. Ein Verhalten als "typisch türkisch" zu bezeichnen und etwa durch "die Erziehung in der türkischen Familie" zu begründen, reicht vielen im alltäglichen Umgang mit Türken als Erklärung aus, während sie ähnlich klischeehafte Aussagen über Deutsche entrüstet zurückweisen würden.

"Länderkundliche Informationen" über ein Land und seine Bewohner können also - wenn sie nicht hinreichend differenziert sind - durchaus Gefahr laufen, genau das Gegenteil von dem zu bewirken, was beabsichtigt war: nämlich nicht zu einem differenzierteren Verständnis der Ausländer beizutragen, sondern bereits vorhandene Vorurteile zu stärken oder erst aufzubauen.

Die hier entwickelte Konzeption versucht, dieser Gefahr auf dreifache Weise zu begegnen:

a) Zunächst soll die Anlage des Seminars und der Lernmaterialien die Teilnehmer zu der Erkenntnis führen, daß das Verhalten und die Probleme eines jungen Ausländers in Deutschland nicht durch einige wenige, sondern durch eine Vielzahl von sozialen und ökonomischen Bedingungen in seiner Heimatgesellschaft - und auch dies nur zum Teil - zu erklären ist. Daraus folgt, daß derjenige, der sich um Erklärungen bemüht, nicht mit wenigen Informationen auskommt, sondern ein entsprechend vielschichtiges "Suchverhalten" entwickeln muß, um die vielfältigen Beziehungen zwischen der heimatlichen Kultur und den Lebensbereichen des Ausländers in Deutschland aufzuspüren. Die Teilnehmer an der Fortbildungsveranstaltung ein eigenes Suchverhalten entwickeln zu lassen, ist deshalb ein wichtiges Lernziel der gesamten Seminarkonzeption, der didaktisch Rechnung zu tragen ist.

b) Der Gefahr unzulässiger Generalisierung aufgrund allzu statischer Beziehungen zwischen Merkmalen der Heimatgesellschaft und Verhaltensmerkmalen der Ausländer in Deutschland versucht das didaktische Konzept vor allem durch die Einbeziehung biographischer und motivationaler Aspekte zu begegnen. Der jetzige Aufenthalt von Ausländern in der Bundesrepublik ist nur im Rahmen von individuellen Lebensläufen zu verstehen, die durch zahlreiche "Druck- und Sog-Motive" determiniert und durch eine Reihe von - für das Individuum jeweils sehr schwerwiegenden - Entscheidungen gekennzeichnet sind. Den Aufenthalt des Ausländers als das Ergebnis solcher individueller ebenso wie kollektiver Motive und Entscheidungen zu erklären, d. h. in einen dynamischen Begründungszusammenhang zu stellen, ist dementsprechend ein weiteres didaktisches Hauptziel des Seminarkonzepts.

c) Die beiden genannten Ansätze zur Vermeidung unzulässiger Generalisierungen (Vorurteile) laufen im Kern darauf hinaus, die Individualität und das ganz persönliche Schicksal des Ausländers in den Mittelpunkt des Interesses seiner Lehrkräfte zu stellen, d. h. trotz kulturspezifischer Informationen nicht den Aspekt der "Modal-Persönlichkeit", sondern den der "Individual-Persönlichkeit" zu betonen.

Auch diese Entscheidung hat didaktische Konsequenzen: in den Seminaren soll nämlich versucht werden, neben den strukturellen - gleichwohl differenzierten - Informationen über "Land und Leute" auch den Einzelfall, d. h. das individuelle Entscheidungsproblem einer Ausländerfamilie vor der Emigration oder das persönliche Problem eines ausländischen Jugendlichen in Deutschland, in den Mittelpunkt der Veranstaltung zu stellen. Dies wird besonders deutlich bei Rollenspielen und in der Gruppenarbeit, die sich jeweils auf konkrete Einzelschicksale und -situationen beziehen, aber auch bei Podiumsdiskussionen, deren Teilnehmer bewußt - ähnlich wie im Rollenspiel - unterschiedliche Positionen einnehmen und sogar gezielt nationale Vorurteile in die Diskussion einbringen.

Insgesamt geht die Seminarkonzeption davon aus,

> daß in den sozio-ökonomischen Bedingungen der Heimatländer von Ausländern wichtige Bedingungsfaktoren für ihr Verhalten und ihre Probleme in der Bundesrepublik Deutschland zu sehen sind,

> daß deshalb ein breites Instrumentarium für die Information ihrer
> Lehrkräfte über diese Bedingungen anzubieten ist, das zugleich aber
> auch bestrebt ist,

> der Gefahr unzulässiger Generalisierungen ("etwa türkisch") durch die
> Förderung eines aktiven Suchverhaltens und durch die Betonung indivi-
> dueller, motivationaler und biographischer Aspekte zu begegnen.

2.2 Möglichkeiten der Änderung von Lehrer- und Betreuerverhalten durch Wissensvermittlung

Die zweite Grundannahme der länderkundlichen Lehrerfortbildung - nämlich
die, daß die schriftliche oder mündliche Information von Ausländerbe-
treuern über kulturspezifische Sozialisationsbedingungen automatisch zu
einem besseren Verständnis der Ausländer und damit zu einem Abbau ihrer
Probleme führt -, hat tiefe Wurzeln sowohl in der wissenschaftlichen Tradition der Weiterbildung als auch im "naiven" Alltagsdenken. Das Lehrer-
und Betreuerverhalten wird weniger durch die verbale Vermittlung expli-
zit-theoretischer erziehungswissenschaftlicher Informationen als vielmehr

(a)   durch die eigenen Erziehungserfahrungen und impliziten Erziehungs-
      vorstellungen des jeweiligen Lehrers/Betreuers

(b)   durch die instituionellen Rahmenbedingungen der jeweiligen Bildungs-
      stätte bedingt.

Darüber hinaus hat die Erforschung sozialer Einstellungen erbracht, daß
Einstellungen nicht allein kognitiv strukturiert, sondern immer auch mit
emotionalen Bezügen verbunden sind und darüber hinaus in der Regel allein nicht ausreichen, um konkretes Verhalten zu erklären.

Akzeptiert man diese Prämissen, so wird deutlich, daß die Möglichkeiten einer Änderung von Lehrer-/Betreuerverhalten durch Wissensvermittlung begrenzt sind und daß daraus wiederum didaktische Konsequenzen gezogen werden müssen:

(1) Die Fortbildungsveranstaltungen müssen, um überhaupt wirkungsvoll sein zu können, die Unterschiedlichkeit der Erfahrungen und Erklärungsansätze der einzelnen Teilnehmer verdeutlichen und zugleich respektieren mit dem Ziel, den Teilnehmern nicht eine vermeintlich "richtige" Theorie zu liefern, sondern sie zu gemeinsamen Problemformulierungen und zu gemeinsamer Erarbeitung von Problemlösungen zu führen. Dieser teilnehmerbezogene Ansatz muß sofort zu Beginn der Veranstaltung sichtbar und in deren Verlauf immer wieder verdeutlicht werden.

(2) Aufgrund der von den Teilnehmern geschilderten Erfahrungen und Probleme sind die institutionellen Rahmenbedingungen ihrer Tätigkeit gemeinsam mit ihnen zu analysieren und möglichst auch in entsprechenden kurzen Rollenspielen nachzuvollziehen, um einen Transfer der Erkenntnisse aus dem Seminar in die Alltagssituation der eigenen Bildungsstätte zu ermöglichen.

(3) Da Einstellungen als Verhaltensdeterminanten nicht allein kognitiv strukturiert sind, sondern immer auch emotionale Bezüge haben, kann sich die Vermittlung länderspezifischer Informationen nicht allein auf den kognitiven Aspekt ("Wissensvermittlung") beschränken, sondern muß zugleich emotionale Komponenten mit einbeziehen.

(4) Die Informationsvermittlung darf die Teilnehmer an den Fortbildungsveranstaltungen aus den genannten Gründen nicht in eine passiv-rezeptive Rolle drängen, sondern muß ihnen möglichst viele eigene Handlungsmöglichkeiten eröffnen, "handlungsorientiert" sein.

3 Praxis der Länderkundlichen Seminarreihe 1989

3.1 Länderkundliche Inhalte im Überblick

In der Regel umfassen die Seminare - von der Angebotspalette her - über
alle Herkunftsländer hinweg folgende Themenschwerpunkte:

> Bevölkerung und Sozialstruktur
> Familienstruktur und Stellung der Frau
> Bildung und Ausbildung
> Religion und Wertsystem
> Sprache und Kultur
> Neuere Geschichte und politische Situation
> Die wirtschaftliche Situation
> Arbeitsmarkt und Erwerbstätigkeit
> Einkommen und Lebensstandard
> Internationale Beziehungen
> Hintergrund und Umfang der Arbeitnehmerwanderung
> Rückkehr- und Reintegrationschancen.

Zu Beginn jedes Seminars wird den Teilnehmern in einer Kartenabfrage die
Möglichkeit gegeben, ihre besonderen Interessenschwerpunkte und speziellen Fragen zu formulieren und zu gewichten (Metaplan-Verfahren). Das Ergebnis dieser Gewichtung hat dann insoweit Einfluß auf den inhaltlichen
Seminarablauf, als neben der Vermittlung der notwendigen Grundinformatio-
nen über die Herkunftsländer ausländischer Arbeitnehmer auf die Teilneh-
merinteressen und konkrete Einzelfragen eingegangen wird.

Bei einer Vielzahl von Trägern und teilnehmerspezifischen Einzelinteres-
sen setzte dies jedoch voraus, in einem breiten Themenspektrum über 5
Entsendeländer hinweg kontinuierlich neuere Entwicklungen verfolgen zu
können und eine zielgruppenspezifische, intensive Bearbeitung von "Sonderthemen" vorzunehmen.

Zu diesen "Sonderthemen" zählten beispielsweise im Bereich

Türkei   > die Entwicklung des Berufsbildungssystems in der Türkei, das gegenwärtig beträchtlichen Veränderungen unter-
worfen ist, insbesondere die Bedeutung des Gesetzes
3308

> die politischen Entwicklungen des Jahres 1989, insbeson-
dere die Wahl des neuen türkischen Staatspräsidenten

> die Entwicklung der individuellen Lebensbedingungen

> die Türkei und die EG

> die Entwicklung des Tourismus

> die Bedeutung türkisch-islamischer Fundamentalisten in
der Bundesrepublik

> neuere pan-türkische Bewegungen in der Türkei.

Jugoslawien > die audio-visuelle Aufarbeitung des aktuellen Themas
Wirtschaftsentwicklung (Lebensstandard,
Rückkehrperspektiven)

> die Vertiefung der Problematik nationaler Identität und
Regionalismus (autonome Gebiete), z. B. Kosovo

> Asylbewerberanstieg aus Südserbien

> Bedeutung der slowenischen Separationsbewegung.

Spanien   > die Erarbeitung von Materialien zum Thema Regionalismus
           und Gewalt.

Portugal   > die Problematisierung der "Neuen Armut"

           > das Verhältnis Bevölkerung und katholische Amtskirche.

Griechenland > Parlamentswahlen und politisches Patt.

Die laufende Aktualisierung bei Einzelthemen sowie zielgruppenspezifische Einzelanfragen der Teilnehmer im Jahre 1989 erforderte - wie
schon im Jahr zuvor - einen erhöhten inhaltlichen und didaktischen Aufwand bei der Vorbereitung einer Vielzahl von Seminaren.

So wünschen etwa die Teilnehmer aus dem Bereich der Ausländerbetreuung
eine intensive Information und Diskussion zu Fragen der sich wandelnden
Familienstrukturen, betriebliche Ausbilder legen dagegen inhaltlich und
damit auch vom Zeitablauf her im Seminar deutlich mehr Gewicht auf Fragen der beruflichen Aus- und Weiterbildung.

Neue Themenschwerpunkte, die sich aus aktuellen Entwicklungen und ziel-
gruppenbezogenen Informationsinteressen aufdrängen, erforderten auch im
Verlaufe des Jahres 1989 nicht nur ein kontinuierliches Anwachsen aktuellen Fachwissens der Referenten, sondern auch eine zum Teil grundlegende
Einarbeitung in bisher nicht nachgefragte Inhalte (weitere Entwicklung
der Volkskirche in Portugal, pantürkische Bewegungen in der Türkei etc.)

114

3.2 Bedeutung länderkundlicher Informationen für die Beratungs- und Betreuungspraxis

Die Vermittlung grundlegender Informationen über die Herkunftsländer ausländischer Arbeitnehmer und ihrer Familienangehörigen war auch 1989 ex-
plizites Ziel der Länderkundlichen Seminarreihe - sie trägt dazu bei,
ein besseres Verständnis für Kulturwerte und soziales Verhalten großer
Ausländergruppen unserer Gesellschaft zu fördern. Einem besseren Verständnis dient dabei auch der aus der heterogenen Zusammensetzung der Seminare sich ergebende Gedanken- und Erfahrungsaustausch zwischen den
Teilnehmern. In ihm werden auch praktische Fragen der Betreuungs- und Be-
ratungspraxis unter verschiedenen Blickwinkeln angesprochen. In eben dieser Beantwortung und Lösung konkreter Fragen liegt ein weiterer Nutzen
der Länderkundlichen Seminare: die Referenten sind bei der bisherigen
Durchführung von Seminarveranstaltungen mit unterschiedlichen Betreu-
ungs- und Beratungsproblemen konfrontiert worden, haben von zielgruppen-
spezifischem Verhalten erfahren, wurden nach Lösungsansätzen gefragt
bzw. haben von Lösungsansätzen Kenntnis nehmen können. Die Weitergabe
Länderkundlicher Informationen und ihre Wertung und Umsetzung in die hie-
sige Beratungs- und Betreuungspraxis ist von nicht zu unterschätzendem
Nutzen. Die in der Regel hoch motivierten Seminarteilnehmer nehmen häufig jede Gelegenheit wahr, sich über die einschlägige Sekundärliteratur
im Ausländerbereich fortzubilden. Antworten auf konkrete Fragen bzw. Hinweise auf Lösungsansätze finden sie dort jedoch nicht oder nur selten.
Hier füllen die Seminare eindeutig eine Lücke. Den Nutzen Länderkundlicher Informationen und die Notwendigkeit, auf konkrete Einzelanfragen
der Beratungs- und Betreuungspraxis einzugehen, mögen einige Beispiele
aus unterschiedlichen Länderkundlichen Seminaren zeigen.

(1) Türkei

a) Sozialarbeiter und -betreuer sind häufig nach wie vor irritiert
über das unterschiedliche soziale Verhalten türkischer Zielgruppen.
Betreuungsaktivitäten wie Familienbesuche, Schullandfahrten, Sport,
Nähkurse etc. finden in einer Gruppe häufig ein unterschiedliches
Echo. Hier kann eine detaillierte Darstellung sunnitischer und ale-
vitischer Glaubensinhalte weiterhelfen, da ein Großteil der türkischen Migranten der Orthodoxie des Sunnismus anhängt, ein nicht un-
bedeutender Teil allerdings auch dem Schiismus (Aleviten).

Aleviten - und dies kennen die isoplan-Referenten aus eigener Tür-
kei-Erfahrung seit Jahren - sind aufgrund anderer Glaubensinhalte
(andere Tabutiere wie etwa den Hasen, Gebete häufiger zu Hause als
in der Moschee, keine strikte Geschlechtertrennung etc.) leichter
ansprechbar für Betreuungsaktivitäten. Umgekehrt können im Seminar
erfolgversprechende Ansatzpunkte für eine Betreuungsarbeit auch bei
konservativ sunnitischer Klientel gegeben werden.

b) Auf gleicher Ebene und ebenso wenig aus der Literatur allein zu
klären liegt das Problem, das sich jährlich für die Zeit des türkischen Ramazan (Fastenmonat) stellt. Verunsicherte Lehrer und betriebliche Ausbilder sehen sich mit der Tatsache konfrontiert, daß
Schüler und Auszubildende dem Unterricht wegen Müdigkeit nicht folgen können, Lernverweigerung eintritt, in Einzelfällen auf Anwei-
sung der Eltern die Kinder nicht zu Unterricht und Ausbildung er-
scheinen. Neben der religiösen Aufklärung (Grundlagen des Islam zum
Fasten) können im Seminar Hinweise auf Dispensmöglichkeiten gegeben
werden und so den Teilnehmern Argumentationshilfen an die Hand gegeben werden.

116

c) In der Literatur wenig problematisiert ist auch das Sozialverhalten von türkischen Seiteneinsteigern in der Schule. Lehrer und sonstiges Betreuungspersonal erleben häufig eine kurzfristig steigende Aufsässigkeit von Seiteneinsteigern gegenüber deutschen, namentlich weiblichen Lehrern. Hier kann oft unter Erläuterung der türkischen Erziehungsrealität der Hintergrund ausgeleuchtet werden und auf bekannte Lösungsansätze im Lehrerverhalten hingewiesen werden.

d) Praxisrelevant ist ferner das Wissen um die Wertschätzung einzelner Berufe durch türkische Eltern und der Einfluß islamischer Grundüberzeugungen auf die Modalitäten der beruflichen Ausbildung. Lehrer, Berufsberater und -vermittler sowie Ausbilder sind häufig bei der Vermittlung eines Ausbildungsplatzes behilflich und müssen dann feststellen, daß ohne weitere Erläuterung der türkische Jugendliche diese Stelle nicht antritt. Hier hilft im Seminar nicht nur der Hinweis auf die soziale Wertschätzung einzelner Berufe, sondern auch die Erklärung, daß bei einzelnen Berufen aus der Sicht konservativer Eltern ein Problem der möglichen Ehrverletzung besteht (Namus), namentlich bei Mädchen. Konkretes Beispiel: Ein türkisches Mädchen von 17 Jahren kann eine Ausbildungsstelle nur annehmen, wenn der 12jährige Bruder sie jederzeit zur Arbeit hin- und zurückbegleiten kann.

e) Verstärkt nachgefragt wurden in den Seminaren des 2. Halbjahres 1989 die religiös-politischen Auswirkungen der Unruhen in Aserbeidschan und Armenien auf die türkische Innenpolitik. Zu dem Problem grenzüberschreitender Konflikte des islamischen "Schismas" sowie dem Gegensatz Islam und christlich-orthodoxe Religion (Armenische Sowjetrepublik) lagen didaktisch aufbereitete Materialien nicht vor. Die Türkei-Referenten haben entsprechende Materialien erstellen müssen.

(2) Jugoslawien

a) Für die soziale Betreuungsarbeit mit Jugoslawen bietet sich die Möglichkeit, mit einer Vielzahl der für Jugoslawen typischen Klubs zu-
sammenzuarbeiten. Betreuer sehen sich jedoch häufig außerstande,
soziale Konflikte zwischen einzelnen Klubs zu verstehen und den
richtigen jugoslawischen Ansprechpartner zu finden. Hier kann der
Hinweis auf politisch-historische Hintergründe Jugoslawiens und
deren Einfluß auf die Arbeit einzelner Klubs klärend wirken und
mithelfen, den richtigen Partner bei der Betreuungsarbeit zu finden
und über diesen Weg eine politische Konfrontation zu vermeiden.

b) In wachsendem Maße wird seitens der Betreuer in den Seminaren der
Komplex Asylbewerber aus Jugoslawien thematisiert, da man verstärkt
dort in der Sozialarbeit eingesetzt wird. Hintergrundwissen über
Sinti und Roma (Geschichte, Sozialverhalten, Wertvorstellung) erleichtern die Betreuung und Beratung.

(3) Portugal

Deutsche Betreuer und Berater treffen bei Aktivitäten, die mit der Kir-
che gemeinsam durchgeführt werden, häufig auf ein erhebliches Desinteres-
se der portugiesischen Zielgruppen; und dies bei einer Bevölkerung, die
zu nahezu 100 % katholisch ist. Verunsicherte Seminarteilnehmer berich-
teten dies häufiger in den Seminaren und baten um Erläuterung. Portugal-
kenner wissen, über spärliche und schwer zugängliche Literaturberichte
hinaus, daß insbesondere in der portugiesischen Landbevölkerung (und damit auch bei den hiesigen Migranten) eine volkskirchliche Bewegung weit
verbreitet ist, die sich dem Einfluß der "Amtskirche" entzieht und eigene Rituale und Verhaltensweisen entwickelt hat. Die Erläuterung dieser
Tatsache mag in den Seminaren helfen, solche Frontstellungen aufzubre-
chen und damit die Betreuungsarbeit zu verbreitern und zu verbessern.

(4) Griechenland

Obwohl die Griechenland-Materialien erstmals zum Einsatz kamen und sich
grundsätzlich bewährten, ergab sich aus den Informationswünschen der
Teilnehmer rasch die Notwendigkeit, ergänzende Materialien und Informationen zum Einsatz zu bringen. Die veränderte Mutterrolle in der griechischen Familie, die religiös-politischen Auseinandersetzungen zwischen
griechischen und türkischen Volksgruppen in Westthrakien etc. mußten
entsprechend Berücksichtigung finden.

Weitere Beispiele konkreter Lösungsansätze in der Beratungs- und Betreuungspraxis ließen sich finden.

Ein Teilmengenmodell der inhaltlichen Schwerpunkte - hier am Beispiel eines Türkei-Seminars - läßt sich somit im wesentlichen auf alle Seminare
übertragen. Gegenüber früheren Jahren ist dabei der Themenbereich "Islam" stärker nachgefragt worden.

119

Länderkundliche Informationen:

Teilmengenmodell der Info-Wünsche nach wichtigen Themenschwerpunkten

	Inhalt	Zeitanteil am Seminar 2-tägig
I	Familienstrukturen in der Türkei und ihr Wandel in der Bundesrepublik Deutschland	15,0
II	Islam in der Türkei ("Reislamisierung") und Bedeutung in der Bundesrepublik Deutschland	20,0
III	Neuere Geschichte/Politik, Kemalismus, türkisches Nationalgefühl und Dualismus in der türkischen Gesellschaft und unter den Arbeitsmigranten	10,0
IV	Schulische und berufliche Ausbildung in der Türkei und Äquivalenzen in der Bundesrepublik Deutschland, Stellenwert des Ausbildungsabschlusses in des Bundesrepublik Deutschland	20,0
V	Wirtschaftliche Situation und Arbeitsmarkt in der Türkei (Makroökonomie, Lebenshaltungskosten, Arbeitslosigkeit und Berufschancen)	10,0
VI	Rückwanderung, Wege der Existenzsicherung, schulische, berufliche und persönliche Reintegration der 1. und 2. Generation	10,0
VII	Spezielle Fragen aus der Betreuungspraxis (soziales Verhalten, rechtliche Fragen etc., Ausbildungsprobleme, Elternansprache)	15,0
		100,0

3.3   Quellen der Aktualisierung

Die Notwendigkeit der permanenten Aktualisierung setzte auch im Jahr
1989 die Auswertung zahlreicher in- und ausländischer z. T. schwer zu-
gänglicher Quellen voraus.

Im einzelnen wurden folgende Informationsquellen benutzt:

(1) Auswertung der deutschen und länderbezogenen Tagespresse

Türkei: Tercüman, Hürriyet, Milliyet, Nokta, Turkish
                     Newsspot, Rezmi Gazete

Jugoslawien: Vjesnik Ekonomska Politika, NIN

Spanien: El Pais, Diario 16, La Region, España

Portugal: O`Emigrante

Bundesrepublik: FAZ, FR, Süddeutsche Zeitung, Spiegel, Die Zeit

(2) Wirtschaftsinformationsdienste

- Nachrichten für Außenhandel der BfAi
- Handelsblatt
- DSE-Ländermappen
- Tobb/München (Verband der türkischen Industrie- und Handels-
  kammern)

(3) Statistische Publikationen in der Bundesrepublik

- Statistisches Bundesamt
- Schülerstatistiken der KMK und einzelner Kultusministerien
- ANBA - Amtliche Nachrichten der Bundesanstalt für Arbeit
- Jahresbericht bzw. Statistiken von Trägern der freien
  Wohlfahrtspflege
- Publikationen von Ausländerinitiativen

(4) Statistische Publikationen aus den Herkunftsländern/internationale
Publikationen

- Statistische Zentralämter der Entsendeländer/Planungsämter
  und einschlägige Ministerien
- Economic Reports von Wirtschaftskammern und Verbänden
- Publikationen von Fachbehörden (wie etwa Arbeitsverwaltungen)
- Publikationen internationaler Organisationen zu den Herkunfts-
  ländern (EG, OECD, ILO, IOM etc.)

(5) Fachliteratur und Fachzeitschriften zu den Themenbereichen:

- Wissenschaftliche Länderkunde (Sozialgeographie)
- Ökonomische und sozio-geographische Untersuchungen
- Untersuchungen und Studien über sozio-kulturelle Fragen und
  Entwicklungen (Religion, Familie, Erziehung etc.)
- Untersuchungen zur Arbeitnehmermigration sowie zu Fragen
  der beruflichen und sozialen Integration und Reintegration

(6) Audio-visuelle Medien, die von Fachinstitutionen angeboten werden
(FWU, Landesbildstellen, DSE, sonstige)

In die Auswertung einbezogen wurde darüber hinaus ein Teil der "grauen"
Literatur, insbesondere zahlreiche, dem Institut zugesandte Forschungs-
und Examensarbeiten zum Thema Integration und Reintegration.

3.4 Teilnehmerstruktur

Die Teilnehmer kamen aus unterschiedlichen Beratungs- und Betreuungsbe-
reichen. Die Bandbreite reichte dabei von Lehrern und Betreuern in be-
rufsvorbereitenden Maßnahmen über Mitarbeiter der Arbeitsverwaltung bis
hin zu Beschäftigten in der Kommunalverwaltung und dem ausländerpädagogi-
schen Bereich. Gewerkschaftliche Betriebsräte und betriebliche Ausbilder
vervollständigten die Palette der Zielgruppen.

Insgesamt gesehen war eine heterogene Teilnehmerzusammensetzung ange-
strebt, um im Kreis der Teilnehmer eine Diskussion zu ermöglichen und einen praxisbezogenen Gedankenaustausch zu induzieren.

3.5 Resonanz

Es wurde 1989 den Teilnehmern die Möglichkeit gegeben, in mündlicher
Form, insbesondere aber über einen speziell auf die Seminardurchführung
und -inhalte hin konzipierten Evaluierungsbogen eine kritische Würdigung
vorzunehmen. Diese Evaluierungsbögen werden am Ende des jeweiligen Seminars ausgefüllt.

Die Seminare wurden im Hinblick auf

> die didaktische Konzeption,
> die ausgehändigten Seminarunterlagen,
> die eingesetzten Medien

sehr positiv beurteilt.

Insbesondere der unmittelbare Nutzen länderkundlicher Informationen für
die eigene Beratungs- und Betreuungspraxis wurde hoch eingeschätzt.

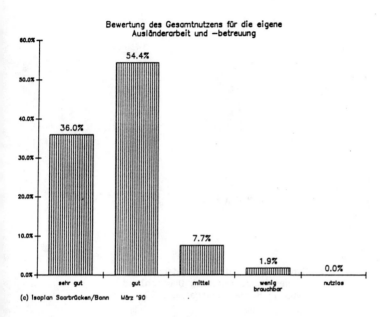

Bewertung des Gesamtnutzens für die eigene
Ausländerarbeit und −betreuung

(c) Isoplan Saarbrücken/Bonn   März '90

Das überaus großer Interesse an solcherart durchgeführten Seminaren sowie die sehr positive Resonanz bei den Teilnehmern verweist zweifellos
auf die Tatsache, daß ein erheblicher Informationsbedarf bei der Zielgruppe der Multiplikatoren besteht. Länderkundliche Informationen sind
somit gefragt. Nur zu oft bleibt allerdings verdeckt, welchen Aufwandes
es bedarf, solche Seminare vorzubereiten und durchzuführen, um der Erwar-
tungshaltung der hochmotivierten Teilnehmer zu entsprechen. Jenseits dieser Überlegungen ist dies jedoch nur möglich durch das nicht unbeträcht-
liche Maß des Engagements durch die Referenten selbst, die nicht nur
ihre langjährige Ländererfahrung sondern auch sich selbst mit einbringen
müssen.

ANHANG

> Synopse der Informationsangebote
in der Bundesrepublik Deutschland
isoplan-Bestandsaufnahme 1990

> DSE-Zusammenstellung

Wirtschaft/
Dachverbände

Anbieter/ Institutionen	Medien	Inhalt/ Gegenstand der Nachweisung	Zielgruppen	Erscheinungsweise/ Kosten	Bemerkungen
Deutscher Industrie u. Handelstag. (DIHT), Bonn	Printmedien: - Rundschreiben - Periodika der Kammern (IHK) - Dokumentationsmedien des "Arbeitskreises der Außenhandelskammern" beim DIHT - Lehrgänge und Seminare - allg. Merkblätter - Broschüren	mündlich/schriftlich: - Auskunftsdienst zur Kooperation mit EL - Informations- u. Beratungsdienst zum Bereich Außenwirtschaft - Kommerzieller Dienst - Unterstützung im Verkehr mit Behörden - Bescheinigungsdienst	gewerbliche Wirtschaft	bei Rundschreiben, Merkblättern etc. laufend/kostenfrei	Informations- und Beratungsaktivitäten laufen überwiegend auf der Ebene der Kammern
Arbeitskreis Außenhandelskammern beim DIHT, Bonn	- Rundschreiben - Periodika - allg. Merkblätter - Broschüren	- Nachweis von Bezugsquellen, Adressen und Vertretungen - Auskunft und Beratung (Handel, Kooperation etc.) - Marktstudien, Markt-Kurzinformationen - Benennung von Treuhändern - Messeankündigungen - Vermittlung von Behördenkontakten	gewerbliche Wirtschaft	bei Rundschreiben u. Merkblättern: laufend/kostenfrei	ca. 50 Außenhandelskammern in der Welt, davon 30 in EL und "Delegierte der Deutschen Wirtschaft"
Bundesverband der Deutschen Industrie BDI, Köln	- Rundschreiben, Printmedien (sonstige) - Unternehmerreisen	Funktion als Leitstelle für branchenspezifische Institutionen - Besuche von BDI-Delegationen (Exploration) - Analyse von Marktsituationen u. Investitionsmöglichkeiten - Beobachtung u. Bewertung externer Marktberichte - Analyse ausländischer Printmedien bezüglich Eignung als Werbeträger - Analysen absatzpolitischer Grundsatzfragen - allgemein: - Durchführung von Export-Service-Leistungen - Unternehmerreisen - Unternehmertreffen - Beratung über Messen u. Ausstellungen - Weitergabe von Liefernach-	- Mitgliederverbände des BDI. - Einzelunternehmer. - interessierte Industriekreise	laufend	BDI ist Leitstelle für staatlich geförderte KMU-Maßnahmen, Kontaktvermittlung zu Mitgliedsverbänden

Institutionen	Medien	Inhalt/ Gegenstand der Nachweisung	Zielgruppen	Erscheinungsweise/ Kosten	Bemerkungen
Arbeitsgemeinschaft Entwicklungsländer AGE, Köln	keine eigenen Publikationen, Ad hoc-Stellungnahmen	– Aktuelle Themen der Entwicklungszusammenarbeit, – Unterrichtung der Trägerorganisationen	– Trägerorganisationen – Beiratsmitglieder	laufend	AGE ist Zusammenschluß der Spitzenverbände der deutschen Wirtschaft zur Behandlung entwicklungspolitischer Grundsatzfragen
Rationalisierungskuratorium der Deutschen Wirtschaft RKW, Eschborn	– Rundbriefe – Broschüren – Persönliche Beratung – Veranstaltungen – Zeitschrift: Wirtschaft u. Produktivität	– Exportberatung für kleinere u. mittlere Unternehmungen (inhaltliche wie staatliche Förderung der Exportberatung) – Heranziehung externer Fachberater	KMU	laufend Beratung nicht kostenfrei, jedoch im Einzelfall durch staatliche Förderung bezuschußt	RKW verfügt über Landesgruppen in der Bundesrepublik
Bundesverband des Deutschen Groß- u. Außenhandels BGA, Bonn	– Rundschreiben – sonst. Printmedien (Broschüren, Textsammlungen, Berichte und Analysen)	– Beratung bei der Anbahnung von Geschäften – Hilfestellung bei Kompensationsgeschäften – Unterstützung bei Bundesministerien	– Mitglieder des Verbandes – interessierte Einzelunternehmen	laufend/für Mitglieder kostenfrei	Verbandliche Repräsentanz des deutschen Groß- u. Außenhandels. Dachverband zahlreicher Landes- und Bundesfachverbände, Verbindungsstelle Bonn der Arbeitsgemeinschaft der Deutschen Exporteurvereine
Gesamtverband der Textilindustrie (Gesamttextil), Frankfurt	– Rundschreiben – sonst. Printmedien	– Herstellernachweis – Vertreternachweise – Hilfe bei Auslandsbeteiligungen – Auskünfte über Zoll- und Einfuhrbestimmungen dritter Länder	– Mitglieder des Verbandes – interessierte Einzelunternehmen	laufend/für Mitglieder kostenfrei	
Hauptverband der Papier, Pappe und Kunststoffe verarbeitenden Industrie, Frankfurt	– Rundschreiben – schriftliche Analysen, – sonst. Printmedien	Information über Außenhandelsmarktlage – Beobachtung der Import- u. Exportentwicklung – Einflußnahme auf GATT-Verhandlungen – Bearbeitung von Bezugs-, Liefer-, u. Kooperationswünschen	– Mitglieder des Verbandes – interessierte Einzelunternehmen	laufend/ für Mitglieder kostenfrei	
Bundesverband des deutschen Exporthandels, Hamburg	– periodisch erscheinende Mitgliederzeitschrift – Dokumentation, Info-Veranstaltungen	– Handelsbestimmungen zwischen Bundesrepublik und EL – Länderbezogene Bestimmungen	Mitglieder des Verbandes	monatlich/kostenfrei	

Anbieter/Institutionen	Medien	Inhalt/Gegenstand der Nachweisung	Zielgruppen	Erscheinungsweise/Kosten	Bemerkungen
Hauptverband der Deutschen Bauindustrie (Ausschuß für Auslandsbau)	- Rundbrief - sonst. Printmedien	- Sammlung u. Weitergabe von Informationen des Auslands an engagierte Firmen - Unterstützung bei Tender u. ä. - Mitwirkung in nationalen und regionalen Gremien	- Verbandsmitglieder - Einzelfirmen des Baubereichs	laufend/kostenfrei	Es existiert eine Stabsstelle: Auslandsbau und internationale Beziehungen
Zentralverband der Elektronischen Industrie (Exportausschuß)	Printmedien: - ZVEI-Einkaufsführer - Rundbriefe u. ä.	- Information u. Beratung - Erfahrungsaustausch	- Mitgliedsverbände - Firmen der Elektroindustrie	laufend/kostenfrei	
Verband deutscher Maschinen und Anlagenbau, VDMA, Frankfurt	Printmedien: - Publikationen aus eigenem Verlag - Rundbriefe - Zeitschriften	- Brancheninformation - Bezugsquellennachweis u. Werbung - Marktanalysen u. Statistiken - Mitwirkung bei Messen im Ausland	- Verbandsmitglieder - Wirtschaft allgemein	monatlich Maschinenbaunachrichten/ für Mitglieder des Verbandes kostenfrei	Innerhalb des VDMA: Fachgemeinschaften, Vertretung der fachlichen Interessen der Mitglieder auf internationaler Ebene
Verband der Chemischen Industrie, VCI, Frankfurt	- Archiv- und Mikrofilm-Dokumentation (Informationen über Chemieprodukte u. -märkte weltweit) - Chemie-Report (Verbandszeitschrift) - Info-Veranstaltungen	- Information über Chemiefirmen weltweit - Veröffentlichung von Wünschen nach Kooperationen, Geschäftsverbindungen, Vertretungen, Hinweise auf staatliche Förderprogramme sowie Beratungsdienste	Chemieunternehmen	kostenfrei monatlich/kostenfrei	keine Bereitstellung länderbezogener Daten im Sinne einer Marktberatung
Arbeitsgemeinschaft Keramische Industrie, Frankfurt	- Rundschreiben	- allgemeine Information	Mitgliederverbände der angeschlossenen Fachbereiche	laufend	Die Arbeitsgemeinschaft betreut die angeschlossenen Verbände. EL-bezogene Informationen liegen bei den Mitgliedsverbänden auf Anfrage vor.
Mineralöl-Wirtschaftsverband, MWV, Hamburg	- Rundschreiben - Jahresbericht	allgemeine Information	Mitglieder des Verbandes	laufend	Verband verfügt über keine EL-bezogenen Informationen

Ländervereine

Anbieter/ Institutionen	Medien	Inhalt/ Gegenstand der Nachweisung	Zielgruppen	Erscheinungsweise/ Kosten	Bemerkungen
LÄNDERVEREINE					
● Institut für Afrika-Kunde (Dokumentationsleitstelle), Hamburg	- aktueller Informationsdienst Afrika	Pressespiegel der wichtigsten politischen u. wirtschaftlichen Meldungen aus 20 afrikanischen Tages- u. Wochenzeitungen	- Interessenten allgemein - Mitgliedsverbände	14-tägig, 60 Seiten/ 110.- DM/Jahr	
	- Literaturdokumentation	Bibliographische Erfassung von Monographien, Zeitschriftenaufsätzen u. ä. seit 1970	- Interessenten allgemein - Mitgliedsvereine	laufend/auf Anfrage (ohne Kosten)	
	- Sammlung von Gesetzesblättern aus afrikanischen Ländern u. aus Regionalorganisation	Rechtsdokumentation	- Interessenten allgemein - Mitgliedsvereine	laufend/auf Anfrage	Rechtsdokumentation in der Zeitung "Africa Spectrum"
● Afrika Verein, Hamburg, incl.: - Technisch-wirtschaftlicher Dienst (TWD) - Zentrum für industrielle Entwicklung	- Informationsmaterialien (Printmedien) - Reisen - Dokumentationsarchiv - Afrika-Wirtschaftstag	- Kontaktaufnahme u. -pflege mit kooperationsbereiten Unternehmen - Bearbeitung u. Verfolgung v. Projektanfragen der AKP-Staaten - Sammlung u. Verbreitung v. Informationsmaterialien - Projektierungs- u. Follow-up-Reisen - Investment u. Handelsförderung im Rahmen des TWD	- Interessenten allgemein - Mitgliedsvereine	laufend/auf Anfrage	- Vertretungsbüros in Afrika - Regionale Fachausschüsse - Afrika-Stiftung
● Ibero-Amerika-Verein, Hamburg	- Rundschreiben - sonst. Printmedien - Publikationen - Dokumentationen	Förderung u. Vertiefung der wirtschaftlichen Beziehungen zu Wirtschaftspartnern	- Interessenten allgemein - Mitgliedsfirmen - 'Förderer'	laufend	
● Nah- u. Mittelostverein, Hamburg	- Rundschreiben - sonst. Printmedien - Publikationen - Dokumentationen	Förderung u. Vertiefung der wirtschaftlichen Beziehungen zu Wirtschaftspartnern	- Interessenten allgemein - Mitgliedsfirmen	laufend	

Anbieter/ Institutionen	Medien	Inhalt/ Gegenstand der Nachweisung	Zielgruppen	Erscheinungsweise/ Kosten	Bemerkungen
● Deutsches Orient-Institut, Hamburg	- Rundschreiben - sonst. Printmedien - Publikationen - Dokumentationen	Förderung u. Vertiefung der wirtschaftlichen Beziehungen zu Wirtschaftspartnern	- Interessenten allgemein - Mitgliedsfirmen	laufend	
● Ostasiatischer Verein, Hamburg	- Rundschreiben - sonst. Printmedien - Publikationen - Dokumentationen	Förderung u. Vertiefung der wirtschaftlichen Beziehungen zu Wirtschaftspartnern	- Interessenten allgemein - Mitgliedsfirmen	laufend	

Fachver lage

Anbieter/ Institutionen	Medien	Inhalt/ Gegenstand der Nachweisung	Zielgruppen	Erscheinungsweise/ Kosten	Bemerkungen
FACHVERLAGE					
Carl H. Dieckmann, Hamburg	Printmedien	Konsulats- u. Mustervorschriften	- Interessenten allgemein - Wirtschaft	laufend auf Anfrage/ kostenpflichtig	
Duncan Brandstreet GmbH, Frankfurt	- Printmedien - Publikationen	Wirtschaftsinformationen weltweit	- Interessenten allgemein - Wirtschaft	laufend/ kostenpflichtig	
Deutscher Wirtschaftsdienst DWD, Köln	- Printmedien - Publikationen	- Problem der Niederlassung im Ausland - Wechsel- u. Scheckrecht im Ausland - Anschriften für die Außenwirtschaft	- Interessenten allgemein - Wirtschaft	laufend/ kostenpflichtig	
Übersee-Post-Verlag Marketing International, Nürnberg	- Kataloge - sonst. Printmedien	Exportkataloge Hinweise zur Exportwerbung, Vertriebsplanung u. ä.	- Wirtschaft, - Werbebranche	laufend/ kostenpflichtig	
Vogel-Verlag, Würzburg	Zeitschriften	"Export-Markt" Internationale Exportzeitschriften, Unterstützung bei der Exportwerbung und Vertriebsplanung	- Wirtschaft - Werbebranche	laufend/ kostenpflichtig	
K. O. Storck-Verlag, Hamburg	Nachschlagewerk	Jahrbuch der Export- und Versandleiter	- Export- und Versandleiter, - Wirtschaft allgemein	1 x jährlich/ kostenpflichtig	
Wer liefert was, Hamburg	Nachschlagewerk	Bezugsquellennachweise	Wirtschaft allgemein	jährlich/ kostenpflichtig	
Arbeitskreis Wirtschaft, AKW-Schnellbriefe, Saarbrücken	Schnellbrief	Berichte über Tätigkeit des AKW, allgemeine Nachrichten aus EL, Politik u. Wirtschaft im Länderspiegel, Ausschreibungen, Projekte, Kooperationsangebote aus Drittländern	- Wirtschaft - entwicklungspolitisch interessierte Öffentlichkeit	monatlich/ 200,- DM jährlich	enthält auch Angaben zu Seminaren u. Fortbildungsveranstaltungen

Anbieter/ Institutionen	Medien	Inhalt/ Gegenstand der Nachweisung	Zielgruppen	Erscheinungsweise/ Kosten	Bemerkungen
Munzinger Archiv, Ravensburg	- Internationale Handbücher - Münzinger Länder-hefte - sonst. Printmedien	länderkundliche Informationen (Überblick)	- Wirtschaft - Politik - Bildung	laufend	
Entwicklungs-politische Informationen EPI, Saarbrücken	Printmedien: Zeitschrift	Presse- und Informations-dienst zur entwicklungspo-litischen Zusammenarbeit	Entwicklungspo-litisch Interes-sierte	monatlich/ 55,- DM jährlich	enthält in erster Linie ent-wicklungspolitische Informa-tionen
Entwicklung und Zusammenarbeit E + Z, Bonn	Printmedien Zeitschrift	- Analyse entwicklungspoli-tischer Grundsatzfragen - Berichte aus Projekten in EL	Entwicklungspo-litisch interes-sierte Öffent-lichkeit	monatlich/ 33,- DM jährlich	offizielles Organ der DSE

Banken

Anbieter/ Institutionen	Medien	Inhalt/ Gegenstand der Nachweisung	Zielgruppen	Erscheinungsweise/ Kosten	Bemerkungen
Banken/Sparkassen insgesamt	- Periodika mit z. T. EL-bezogenen Beilagen - Printmedien	- Ländernachrichten - Länderkurzporträts - Marktanalysen - Handelsvermittlung (Kooperationsbörsen)	- unternehmerische Klientel - Wirtschaftsunternehmen allgemein	4 - 6 x jährlich/ kostenfrei	Es werden auch Geschäftsverbindungen ins Ausland vermittelt
Bundesverband deutscher Banken, Köln	- Rundbriefe - sonst. Printmedien	- kontinuierliche Unterrichtung über Investitionsprojekte in EL - Stellungnahmen zu aktuellen entwicklungspolitischen Fragen	- Private Banken als Mitglieder - interessierte Unternehmen	laufend/ kostenfrei	Informationen z. T. über Eigenberichte der in EL tätigen Privatbanken
Sparkassen/Landesbanken	"Außenwirtschaft" Zeitschrift für Ex- u. Import	- Regionalberichte - Länderanalysen - Ländermerkblätter - Kooperationsbörse (Import- u. Exportwünsche) - Zoll- u. Handelsvorschriften	- Mitgliederkassen u. Banken - gewerbliche Wirtschaft	monatlich/ kostenfrei	Sparkassen und Landesbanken sind behilflich bei Geschäftsverbindungen und Handelskooperation (auf Einzelanfrage)
Commerzbank	"Außenhandelsblätter" (Beilage zur Commerzbankzeitschrift)	- Internationaler Handel, Länderinformationen (Länderporträts) - Ländernachrichten	- gewerbliche Wirtschaft - Bankklientel	6 x jährlich/ kostenfrei	Bank ist behilflich bei Geschäftsverbindungen und Handelskooperation
Bayerische Vereinsbank, München	- Informationszeitschrift: "Außenhandel der Bayerischen Vereinsbank" - Beilage: "Service International"	- Berichte aus der ausländischen Wirtschaft - Information: Außenhandel - Kooperationsbörse (Service International)	- Bankkunden - Wirtschaft allg. - unternehmerische Klientel	monatlich/ für BV-Kunden kostenfrei monatlich/ für BV-Kunden kostenfrei	Veröffentlichung von Anfragen ausländischer Importeure Information über Vergabe von Vertretungen weltweit
Kreditanstalt für Wiederaufbau, KFW, Frankfurt	Printmedien: - Broschüren, Leitfäden zu Investitions- u. Exportführer - Merkblätter für einzelne Förderprogramme - Projektunterlagen - Projektliste	Mittel- u. langfristige Exportfinanzierung, Kredite zur Finanzierung von Schiffslieferungen, Kredite zur Finanzierung des Absatzes deutscher ziviler Luftfahrzeuge, Bezuschussung bzw. Förderung (Darlehen) an EL Kredite zur Umsetzung neuer Technologien	- Deutsche Wirtschaft allg. - KMU	laufend	Abwicklung der FZ

Handwerk/
IHK's

Anbieter/ Institutionen	Medien	Inhalt/ Gegenstand der Nachweisung	Zielgruppen	Erscheinungsweise/ Kosten	Bemerkungen
Zentralverband des deutschen Handwerks, Bonn	- keine Printmedien seit 1983 - "Clearingstelle" für Entwicklungshilfe des Handwerks	- Information über Projektansätze, Koordinationsfunktion - Information zur Verbesserung u. Verbreitung von Kooperationsmöglichkeiten - Hilfestellung bei der Rekrutierung von Handwerkern im Rahmen der TZ	- Handwerkskammern - KMU	laufend	13 Partnerschaftsprojekte deutscher Handwerkskammern; 60 % aller Kammern sind an Ausbildungsprojekten für die Dritte Welt oder an Partnerschaften beteiligt.
Industrie- u. Handelskammern (IHK's)	Printmedien: - Veröffentlichungen der BfAI incl. NfA - Veröffentlichungen d. deutschen Auslandshandelskammern - Tagespresse, Fachpresse (kammereigene Auswertungen) - Veröffentlichungen von GTZ, DEG u. a. - Veröffentlichungen von Branchen, Wirtschaftsprüfungsgesellschaften, Anwaltssocietäten, Consultingfirmen - Veröffentlichungen von Fachverbänden - Veröffentlichungen von BDI, (AGE) - Veröffentlichungen des DIHT - sonst. Publikationen aus dem Ausland - Länder- u. Branchenberichte in der jeweils eigenen Kammerzeitschrift - DIHT (In- u. Auslandskammern: Kooperationsbörse z. T. kammereigene EDV-Banken - Unternehmerreisen - Seminare - Fachvorträge - Filme	Wirtschaftsinformationen weltweit (Branchen, Länder) - Förderungsrichtlinien der Bundesländer - Import- u. Exportbestimmungen	- Mitgliedsfirmen - Wirtschaft allgemein	unterschiedlich, je nach Printmedien/ Erstberatung i. d. Regel kostenfrei	Gesamtzahl: 69 in der Bundesrepublik breite Palette von Aktivitäten, z. T. bereits kammereigene EDV Trend zur Bildung sektoraler u. regionaler Schwerpunktkammern wachsende Aktivitäten im Bereich Institution Building (Aufbau von IHK's in EL) Umfangreiches Netz von Außenhandelskammern mit eigenen, z. T. monatlichen Publikationen (Wirtschafts-, Branchen- u. Marktberichte)

Anbieter/ Institutionen	Medien	Inhalt/ Gegenstand der Nachweisung	Zielgruppen	Erscheinungsweise/ Kosten	Bemerkungen
	– Messeunterstützung – Leitfaden und Ge- brauchsanweisungen für den Import – Aus- u. Fortbil- dungslehrgänge – institution building				

Datenbanken

Anbieter/ Institutionen	Medien	Inhalt/ Gegenstand der Nachweisung	Zielgruppen	Erscheinungsweise/ Kosten	Bemerkungen
Genios Wirtschaftsdatenbanken, Düsseldorf	Datenbank	Wirtschaftsdaten weltweit	- Wirtschaft - Industrie allgemein	laufend, auf Abfragen/ kostenpflichtig	eigene Daten, aber auch BfAI-Daten; selektiver Datenbezug möglich
Vereinigte Wirtschaftsdienste, VWD, Eschborn	Datenbank	Wirtschaftsdaten weltweit	- Wirtschaft - Industrie allgemein	laufend, auf Abfragen/ kostenpflichtig	eigene Daten, aber auch BfAI-Daten; selektiver Datenbezug möglich
Verband unabhängig beratender Ingenieurfirmen, VUBI, Bonn	Datenbank	Wirtschaftsdaten weltweit	- Wirtschaft - Industrie allgemein	laufend, auf Abfragen/ kostenpflichtig	Datenbezug möglich aus BfAI-Datenbanken: - Projektfrühinformation - Auslands-Ausschreibungen
Deutsche Stiftung für Internationale Entwicklung, DSE, Bonn	Datenbank	Bibliographien, Länderinformation etc.	Entwicklungspolitisch interessierte Öffentlichkeit	laufend, on line bei Abfrage/ kostenfrei	nur in Ausnahmefällen relevant für KMU

Staatliche Einrichtungen

Anbieter/ Institutionen	Medien	Inhalt/ Gegenstand der Nachweisung	Zielgruppen	Erscheinungsweise/ Kosten	Bemerkungen
Bundesstelle für Außenhandelsinformationen (BfAi), Köln	● Nachrichten für Außenhandel (NfA)- Zeitung	wirtschaftlich relevante Informationen für die deutsche Außenwirtschaft aus ca. 90 Ländern	- Wirtschaft allgemein - Außenhandelswirtschaft - Abonnenten	5 x pro Woche/ 104,- DM/Monat	Jahresabonnement umfaßt ca. 500 Beilagen
	● Publikationsreihen - Wirtschaftsdaten aktuell (Textdienst, ggf. Diskette)	Datenservice über 90 Länder (Wirtschaftsentwicklung, -struktur) Umfang: 2 Seiten	- Interessenten - Abonnenten NfA	2 x jährlich	Beilage zu NfA; bei Einzelbezug und Diskettenlieferung Kosten
	- Wirtschaftslage (Textdienst)	Kurzberichte (6 - 7 Seiten) über Wirtschaftssituation in 80 Ländern	Abonnenten NfA	laufend	Beilage NfA
	- Wirtschaftsentwicklung (Textdienst)	Textberichte + statistischer Anhang (20 - 30 Seiten) über wirtschaftliche Entwicklungen in einem Kalenderjahr	Abonnenten aus der Wirtschaft	laufend/ 310,- DM/Jahr	im separaten Abonnement erhältlich
	- Wirtschaftssektor (Textdienst)	Berichte über Wirtschaftssektoren eines Landes	Abonnenten NfA	laufend	Beilage zu NfA
	- Energiewirtschaft (Textdienst)	Berichte mit Tabellen über Entwicklung der Energiewirtschaft (10 - 30 Seiten)	- Abonnenten in der Energiewirtschaft - Wirtschaft allgemein	laufend/ 180,- DM/Jahr	im separaten Abonnement erhältlich
	- Forschung u. Technologie (Textdienst)	Berichte über Forschungspolitik und -praxis	- Abonnenten aus Forschung u. Technologie	laufend/ 80,- DM/Jahr	im separaten Abonnement erhältlich
	- Geschäftspraxis Kurzmerkblatt (Textdienst)	- Kurzinformationen zu Einzelländern - Tendertips - Feiertage im Ausland	Abonnenten NfA	laufend	Beilage zu NfA (bei Einzelbezug Kosten)
	- Geschäftspraxis Regionalbericht (Textdienst)	allgemeine Daten über Provinzen und Regionen einzelner Länder	Abonnenten NfA	laufend	Beilage NfA (bei Einzelbezug Kosten)
	- Geschäftspraxis Kontaktanschriften (Textdienst)	länderbezogene Anschriftenlisten	Abonnenten NfA	laufend	Beilage NfA (bei Einzelbezug Kosten)
	- Auslandsanfragen (Textdienst)	Liste von Geschäftsanbahnungswünschen aus dem Ausland	- Wirtschaft - Abonnenten NfA	laufend/ 280,- DM/Jahr	im separaten Abonnement erhältlich

144

Anbieter/ Institutionen	Medien	Inhalt/ Gegenstand der Nachweisung	Zielgruppen	Erscheinungsweise/ Kosten	Bemerkungen
	- Projekte/Mitteilungen über wirtschaftl. Zusammenarbeit (Textdienst)	Berichte über Planungen, Projekte u. Institutionen im Ausland sowie TZ-Vorhaben	- Wirtschaft - Abonnenten NfA	laufend/ 60,- DM/Jahr	im separaten Abonnement erhältlich
	- Außenhandelsvorschriften	Berichte über Einfuhrregelungen	- Wirtschaft - Abonnenten NfA	laufend/ 60,- DM/Jahr	im separaten Abonnement erhältlich
	- Zoll	Berichte über Zolltarife und administrative Regelungen	Wirtschaft	laufend/ 440,- DM/Jahr zuzüglich 0,15 DM pro Seite für Austauschblätter zu zu Zolltarifen)	im separaten Abonnement erhältlich
	- Wirtschaft und Steuerrecht (Textdienst)	Gesetzestexte zum ausländischen u. internationalen Wirtschafts- u. Steuerrecht	Wirtschaft	laufend/ 150,- DM/Jahr	im separaten Abonnement erhältlich
	- Internationale Zusammenarbeit (Textdienst)	Zielsetzungen, Vergabepolitik, Beschaffungswesen internationaler Organisationen	- Wirtschaft - Politik	laufend	Lieferung auf Anfrage
	- Außenwirtschaft Presseschau/NfA	Meldungen mit kurzer Inhaltsangabe aus den NfA (Pressespiegel)	- Wirtschaft - Politik - Abonnenten NfA	14-tägig/ 65,- DM/Jahr	im separaten Abonnement
	- Dokumenten-Liste (Textdienst)	Hinweise auf Originaltexte	- Wirtschaft - Leiter Außenhandelsabteilungen	monatlich/ 35,- DM	auch leihweise Überlassung möglich
	- Branchenpublikationen (Branchenbilder)	Berichte über ausgewählte Auslandsmärkte u. Marktsegmente	- Wirtschaft - Leiter Außenhandelsabteilungen etc. - Abonnenten NfA	laufend	Beilage zur NfA (bei Einzelbezug Kosten)
	● Bfai-Datenbanken				
	- Projektfrühinformation	Erstinformation über Investitions- und Planungsprojekte	- Wirtschaft allgemein - Politik	Anfrage nach Bedarf	im Rahmen der Kammer-Service Außenwirtschaft (KSA)
	- Auslands-Ausschreibungen	Ausschreibungen von TZ-Projekten im Ausland	- Wirtschaft - Politik	Anfrage nach Bedarf	im Rahmen der Kammer-Service Außenwirtschaft (KSA)

Anbieter/Institutionen	Medien	Inhalt/Gegenstand der Nachweisung	Zielgruppen	Erscheinungsweise/Kosten	Bemerkungen
	- Auslandsanfragen	Anfragen aus dem Ausland bezüglich Export und Import bzw. Joint ventures, Know-how etc.	- Wirtschaft allgemein - Leiter v. Importabteilungen etc.	Abfrage nach Bedarf	im Rahmen der Kammer-Service-Außenwirtschaft (KSA)
	- Ausandsmärkte	Branchen- und Länderinformationen im Volltext	- Wirtschaft - spezielle Interessenten	Abfrage nach Bedarf	noch nicht voll implementiert und funktionsfähig
Hamburger Weltwirtschafts-Institut für Wirtschaftsforschung (HWWA), Hamburg	- Dokumentation - Bibliothek - Publikationen	weltweite Information zu Wirtschaft und Gesellschaft in EL	- Interessenten allgemein - Wirtschaft	- laufende Dokumentation - Bibliographien bzw. Dokumente nach feststehender Gebührenordnung	Präsenzbibliothek
Wirtschaftsministerien der Bundesländer	- Printmedien (Druckschriften v. Behörden, Verbänden u. Institutionen, Richtlinien v. Förderprogrammen - Veranstaltungen - z. T. Förderfibel für den Mittelstand - Wirtschaftsdelegationsreisen - Organisation v. Firmengemeinschaftsausstellungen - z. T. Bezahlung v. Probeabonnements (NfA)	- Länder-bezogene Informationen - allgemeine Wirtschaftsinformationen - Programminformationen - Branchen/Produktinformationen - Information u. Beratung über bestehende Förderinstrumente	- Wirtschaft allgemein - z. T. Einzelunternehmer	kostenlos	Umsetzung bundes- und länderspezifischer Exportförderungsprogramme z. T. Delegation von Aufgaben an eigens geschaffene neue Institutionen z. B.: - Stiftung Außenwirtschaft, Baden-Württemberg - Gesellschaft f. wirtsch. Zusammenarbeit, Stuttgart - Zentrale für Produktivität u. Technologie, Saarbrücken eigene Exportberatungsprogramme mit länderspezifische Regelungen, Konditionen und Fördersätzen bestehen in Baden-Württemberg, Bayern, Nordrhein-Westfalen, Niedersachsen, Rheinland-Pfalz, Saarland u. Schleswig-Holstein

Anbieter/ Institutionen	Medien	Inhalt/ Gegenstand der Nachweisung	Zielgruppen	Erscheinungsweise/ Kosten	Bemerkungen
Statistisches Bundes- amt, StBA, Wiesbaden	- Vierteljahreshefte zur Auslandsstati- stik - Länderberichte - Länderkurzberichte - Karten - Fremdsprachige Ver- öffentlichungen - Pressedienst - Btx-Zahlenlexikon - Btx-Sofortdienst - Btx-Welt in Zahlen für die Wirtschaft (130 Länder der Erde) - Auskunftsdienst für Kurzanfragen - on-line Datenbank, - Disketten-Service	weltweite Statistik	- Wirtschafts- kreise - Politik - Forschung etc.	vierteljährlich/ 16,20 DM im einjährigen Rythmus/ 8,80 DM	Stat. Bundesamt führt zudem 1700 Fachzeitschriften aus aller Welt

Bonn, März 1990

**Entwicklungsländerbezogene Informationsstellen
in der Bundesrepublik Deutschland und Berlin (West)
Eine Auswahl unter länderkundlichen Gesichtspunkten**

Zusammengestellt von Dietrich Steinert und Margot Adameck

Literatur und Daten über die Länder der Dritten Welt werden von
einer großen Anzahl von Bibliotheken und Informationsstellen ge-
sammelt. Ebenso vielfältig ist das von ihnen vermittelte Informationsangebot.

Bisher fehlte jedoch ein Wegweiser zur länderkundlichen Information. Diese Lücke schließt nun das Verzeichnis "Entwicklungsländerbezogene Informationsstellen"*, das in zweiter Auflage im Fe-
bruar 1990 von der Zentralen Dokumentation der DSE herausgegeben
wurde.

Hierin finden sich Beschreibungen zu 109 Informations- und Doku-
mentationsstellen, Bibliotheken, Fachinformationszentren und
Dritte-Welt-Archiven, die über die Entwicklungen in den Ländern
Afrikas, Asiens, Lateinamerikas und des Vorderen Orients sowie
über die verschiedenen Sektoren der Entwicklungszusammenarbeit
Auskünfte erteilen.

Der folgende Beitrag enthält kurze Darstellungen einer Auswahl
wichtiger Informations- und Dokumentationsstellen sowie Bibliotheken, deren Dienstleistungen umfassend, kontinuierlich und öffent-
lich zugänglich sind. Überdies wird auf länderkundliche Loseblatt-
sammlungen und Institutionen-Verzeichnisse hingewiesen. Unberück-
sichtigt blieben kommerzielle Anbieter von Datenbanken und Länderanalysen; auf eine Zusammenstellung von länderkundlichen Schrif-
tenreihen und Nachschlagewerken wurde ebenfalls verzichtet.

----
* Kostenlos erhältlich bei der Zentralen Dokumentation der DSE,
  Hans-Böckler-Str. 5, Tel. (0228) 4001-1; Bestellnummer DOK 1431 C

Zentrale Dokumentations- und Informationsstellen sowie Bibliotheken mit länderkundlichen Materialsammlungen und Informationsleistungen über sämtliche Entwicklungsländer

---

Übersee-Dokumentation im Deutschen Übersee-Institut (DÜI)
Neuer Jungfernstieg 21, 2000 Hamburg 36, Tel. (040) 3562-589
Regionalreferate:
Afrika - AFDOK - (040) 3562-562
Asien und Südpazifik - ASDOK - (040) 3562-589
Lateinamerika - LADOK - (040) 3562-581
Vorderer Orient - ORDOK - (040) 3562-570

Aufgabenstellung:

Zentraler Nachweis der an wichtigen Sammelstellen in der Bundesrepublik Deutschland und Berlin (West) vorhandenen deutschen und ausländischen Fachliteratur über Afrika, Asien und Südpazifik, Lateinamerika und den Vorderen Orient. Unter dem länderkundlichen Aspekt werden Arbeiten aus den Sozialwissenschaften im weitesten Sinne berücksichtigt; Schwerpunkt: Literatur aus den vier überseeischen Regionen

Informationsleistungen:

Literaturnachweise mit Standortangabe, keine eigenen Literaturbestände, keine Beschaffung der nachgewiesenen Literatur, kein Versand von Informationsmaterial; Grundgebühr pro Auskunft DM 5,-- incl. drei Kopien á 8 Titel

Ausgewählte Neuere Literatur: Regionen- und länderweise gegliederte Auswahlbibliographie aktueller Literatur zur politischen, wirtschaftlichen und gesellschaftlichen Entwicklung der vier überseeischen Regionen, überwiegend mit Inhaltsannotationen, mit detaillierten Registern und Standortangaben, viermal jährlich; Schutzgebühr jährlich 55,-- DM plus Versandkosten

Spezialbibliographien: Umfassende Bibliographien zu aktuellen Fragen der vier überseeischen Regionen, regional und thematisch gegliedert, überwiegend mit Inhaltsannotationen, mit Registern und Standortangaben, unregelmäßig; Schutzgebühr nach Umfang plus Versandkosten

Kurzbibliographien: Einführende Literaturauswahl zur Länderkunde und zu aktuellen Themen, mit Standortangaben und überwiegend mit Inhaltsannotationen, unregelmäßig; Schutzgebühr nach Umfang (zwischen 2,-- und 6,-- DM)

Deutsche Stiftung für internationale Entwicklung (DSE)
Zentrale Dokumentation, Hans-Böckler-Str. 5, 5300 Bonn 3,
Tel. (0228) 4001-1

Aufgabenstellung:

Sammlung und Dokumentation deutscher und ausländischer Literatur über die Entwicklungspolitik der Industrieländer und internatio-

naler Organisationen, über Entwicklungstheorien, Entwicklungsstra-
tegien, Entwicklungsprogramme sowie über die politische, wirtschaftliche, soziale und kulturelle Situation der Entwicklungsländer - Spezialbibliothek und Entwicklungsländer-Archiv -

Zentrale Karteien: deutsche Institutionen der Entwicklungszusammenarbeit; deutschsprachige entwicklungsländerbezogene Forschungsarbeiten; entwicklungspolitische Veranstaltungen im In- und
Ausland

Die Informationen erfolgen auf Anfrage oder in Form von Auswahlbibliographien und Auswahlverzeichnissen sowie sonstigen Publikationen.

Länderkundliche Informationsleistungen:

"Ländermappen" zur aktuellen Situation von ca. 120 Entwicklungsländern werden ausschließlich Fachkräften der Entwicklungszusammenarbeit, die in Entwicklungsländer ausreisen, sowie Mitarbei-
tern von Institutionen der Personellen Zusammenarbeit, die Angehörige aus Entwicklungsländern in der Bundesrepublik und Berlin
(West) betreuen, zur Verfügung gestellt (Schutzgebühr DM 20,--).
"Länderkundliches Informationsmaterial" über alle Entwicklungsländer ist kostenlos erhältlich.

Die Bibliographie "Entwicklungsländer-Studien" erscheint jährlich;
hierin werden bis zu 600 deutschsprachige, entwicklungsländerbezogene Forschungsarbeiten (Dissertationen, Habilitationsschriften,
ausgewählte Diplomarbeiten, Auftragsforschungen) vorgestellt -
Schutzgebühr DM 20,-- pro Band.

Auswahlbibliographien liegen zu 265 entwicklungspolitischen Themenbereichen vor, u.a. auch über die Entwicklungspolitik der Entwicklungsländer. Bis zu drei Auswahlbibliographien werden kostenlos abgegeben, ab der vierten wird eine Schutzgebühr von je DM
3,-- erhoben. Eine Übersicht kann kostenlos angefordert werden.

**Institut für Auslandsbeziehungen (IFA) - Bibliothek und Dokumenta-
tion, Charlottenplatz 17, 7000 Stuttgart 1, Tel. (0711) 2225-147**

Sammelbereiche:

Auslandskunde - weltweit; Auswärtige Kulturpolitik; Kulturbezie-
hungen; Kulturtheorie; Völkerbild; Austauschforschung; Wanderungs-
fragen; Minderheitenprobleme; Entwicklungs- und Bildungshilfe

Informationsleistungen:

Ausleihe, Fernleihe; Retrospektive Recherchen; Literaturzusammen-
stellungen; Verzeichnis deutsch-ausländischer Gesellschaften und
ausländischer Gesellschaften in der Bundesrepublik Deutschland und
Berlin (West), Baden-Baden: Nomos-Verlagsgesellschaft 1986,
325 S. (Neuauflage in Vorbereitung)

Zentralbibliothek der Wirtschaftswissenschaften in der Bundesrepublik Deutschland - Bibliothek des Instituts für Weltwirtschaft - Düsternbrooker Weg 120, 2300 Kiel, Tel. (0431) 884-1

Sammelbereiche:

Alle Sektoren der Wirtschaft sowie theoretisch-methodische Werke der Wirtschaftswissenschaften
Bestand: 1,9 Mio Bände; 5.600 laufende Zeitschriften

Informationsleistungen:

Ausleihe, Fernleihe (national und international); Beschaffung von nachgewiesener Literatur; Retrospektive Recherchen; Standard- und Individualprofildienste; Auskunfts-/Referatedienste; Bibliographie der Wirtschaftswissenschaften - Systematisch gegliederter Nachweis der wichtigsten Neuzugänge, zweimal jährlich; Kieler Schrifttumskunden zur Wirtschaft und Gesellschaft - Serie thematisch bestimmter Bibliographien; Zeitschriftenverzeichnisse

Institut für Weltwirtschaft (IfW) an der Universität Kiel
Wirtschaftsarchiv, Düsternbrooker Weg 120-122, 2300 Kiel
Tel. (0431) 884-305

Sammelbereiche:

Wirtschaftsfragen aller Art und darüber hinaus politische, soziale und kulturelle Vorgänge
Bestand: 11 Mio Presseausschnitte, davon 15 % entwicklungsländerbezogen

Informationsleistungen: Retrospektive Recherchen

HWWA-Institut für Wirtschaftsforschung - Hamburg - Informationszentrum, Neuer Jungfernstieg 21, 2000 Hamburg 36, Tel. (040) 35620

Sammelbereiche:

Bibliothek: Alle Sektoren der Wirtschaft sowie theoretisch-methodische Werke der Wirtschaftswissenschaften und ihrer Nachbardisziplinen - weltweit -
Bestand: 1 Mio Bände; 3.300 Fachzeitschriften, 80 Tageszeitungen

Archiv: Wirtschaft; Politik; Soziales; Kultur; Gesellschaftspolitik - weltweit; Bestand: 16 Mio Presseausschnitte

Informationsleistungen:

Beschaffung von nachgewiesener Literatur; Retrospektive Recherchen; Standard-/Individualprofildienste; Auskunfts-/Referatedienste; Bibliographie der Wirtschaftspresse, 12-mal jährlich; Neuerwerbungen der Bibliothek, sechsmal jährlich

Bundesstelle für Außenhandelsinformation (BfAI)
Blaubach 13, 5000 Köln 1, Tel. (0221) 20571

Informationsbereiche:

Gesamtwirtschaft und Wirtschaftsbereiche einzelner Länder und
Wirtschaftsräume; Wirtschaftsstruktur und -entwicklung; Branchen
und Märkte; Investitionsklima; Liefer- und Bezugsbedingungen –
weltweit –

Kooperationswünsche der Entwicklungsländer, geplante Projekte und
Investitionen, u.a. Vorhaben im Rahmen der bi- und multilateralen
Finanziellen und Technischen Zusammenarbeit

Informationsdienste:

Nachrichten für Aussenhandel, fünfmal wöchentlich; Wirtschaftsdaten aktuell – laufend aktualisierte Wirtschaftsdaten über 90
Länder; Wirtschaftslage – Kurzberichte über die Wirtschaftssitu-
ation in 70 bis 80 Ländern, zweimal jährlich; Wirtschaftsentwicklung – Textberichte meist mit statistischem Anhang über die wirtschaftliche Entwicklung eines Landes in einem abgeschlossenen
Zeitraum; "Info-Paket" BfAI-Publikationen über ein Land nach Wahl;
für alle Publikationen werden Gebühren erhoben.

Statistisches Bundesamt (StBA) – Zweigstelle Berlin, Gruppe
Allgemeine Auslandsstatistik
Kurfürstenstr. 87, 1000 Berlin 30, Tel. (030) 260030

Informationsleistungen:

Statistik des Auslands – weltweit; Länderberichte über mehr als
150 Entwicklungs- und Industrieländer, ca. 48 Berichte jährlich,
80-100 S. Stuttgart: Verlag Metzler-Poeschel; Allgemeiner
Auslandsstatistischer Auskunftsdienst; Welt in Zahlen: BTX-Infor-
mationsdienst, jeweils vierseitige Länderberichte über 140 Länder

Ausgewählte Bibliotheken nach Regionen

AFRIKA

Arbeitsstelle Politik Afrikas im Fachbereich Politische Wissenschaft an der Freien Universität Berlin - Bibliothek
Garystr. 45, 1000 Berlin 33, Tel. (030) 838-2364

Sammelbereiche: Politik; Geschichte; Wirtschaft

Informationsleistungen: Besucherdienst, Ausleihe, Fernleihe

Institut für Afrika-Kunde (IAK) im Verbund der Stiftung Deutsches
Übersee-Institut - Bibliothek
Neuer Jungfernstieg 21, 2000 Hamburg 36, Tel. (040) 3562-526 und
519

Sammelbereiche:

Länderkunde, vor allem Wirtschaft, Gesellschaft, Politik und
Entwicklungspolitik; Regionalorganisationen; Recht; Sozialwissenschaften im weitesten Sinne; DFG-Sondersammelgebiet: Graue Literatur aus Afrika südlich der Sahara

Informationsleistungen:

Besucherdienst, Wochenendausleihe, Fernleihe; Neuerwerbungslisten;
Zeitschriftenlisten; Afrika Jahrbuch - Politik, Wirtschaft und
Gesellschaft in Afrika südlich der Sahara (mit separaten Darstellungen zu allen Ländern der Region) ca. 350 S. Opladen: Leske
und Budrich

Institut für Ethnologie und Afrika-Studien an der Universität
Mainz, Forum Universitatis 6, 6500 Mainz, Tel. (06131) 39-2798

Sammelbereiche:

Ethnologie; Soziologie; Afrikanische Philologie; Literatur
Afrikas; Literaturethnologie; Frauenfroschung

Informationsleistungen: Besucherdienst

Stadt- und Universitätsbibliothek Frankfurt am Main
Bockenheimer Landstr. 134-138, 6000 Frankfurt/M., Tel. (069) 79071

DFG-Sondersammelbereiche:

Afrika südlich der Sahara; Südpazifische Inseln (beide ohne
Wirtschaft, Recht und Naturwissenschaften); Ethnologie (allgemein
und vergleichend); Australien und Neuseeland - Aborigines;
Wissenschaft vom Judentum; Israel; Kultur- und Sozialanthropologie

Informationsleistungen:

Ausleihe; Fernleihe; fachliche Beratung; Fachkataloge; Zeitschriftenlisten; Neuerwerbungslisten

ASIEN UND SÜDPAZIFIK

**Arbeitsstelle Politik Chinas und Ostasiens im Fachbereich
Politische Wissenschaft der Freien Universität Berlin - Bibliothek
Harnackstr. 1, 1000 Berlin 33, Tel. (030) 838-2347**

Sammelbereiche: Politik/China; Japan; Korea; ASEAN-Länder

Informationsleistungen: Besucherdienst, Ausleihe, Fernleihe

**Institut für Asienkunde (IfA) im Verbund der Stiftung Deutsches
Übersee-Institut - Bibliothek
Rothenbaumchaussee 32, 2000 Hamburg 13, Tel. (040) 443001 bis 03**

Sammelbereiche:

Länderkunde, vor allem Wirtschaft, Gesellschaft, Politik und Entwicklungspolitik; DFG-Sondersammelgebiet: Graue Literatur aus
Asien

Informationsleistungen:

Besucherdienst; Bibliographien; Neuerwerbungslisten; Asien Pazifik
- Wirtschaftshandbuch (mit separaten Artikeln zu allen Ländern der
Region), jährlich. 350-400 S., hrsg. in Zusammenarbeit mit dem
Ostasiatischen Verein

**Staatsbibliothek Preußischer Kulturbesitz
Potsdamer Str. 33, 1000 Berlin 30, Tel. (030) 266-1**

Sammelbereiche:

Literatur aus und über Asien; DFG-Sondersammelgebiete:
Rechtswissenschaft; Orientalistik; Allgemeine Sinologie;
Japanologie; Koreanistik; Südostasienkunde

Informationsleistungen:

Ausleihe, Fernleihe; Beschaffung von nachgewiesener Literatur;
Neuerwerbungslisten; Katalog der Ostasienabteilung; Zeitschriften-
kataloge

154

Stadt- und Universitätsbibliothek Frankfurt am Main
Bockenheimer Landstr. 134-138, 6000 Frankfurt/M., Tel. (069) 79071

DFG-Sondersammelbereiche:

Afrika südlich der Sahara; Südpazifische Inseln (beide ohne Wirtschaft, Recht und Naturwissenschaften); Ethnologie (allgemein und
vergleichend); Australien und Neuseeland - Aborigines; Wissenschaft vom Judentum; Israel; Kultur- und Sozialanthropologie

Informationsleistungen:

Ausleihe; Fernleihe; fachliche Beratung; Fachkataloge; Zeitschriftenlisten; Neuerwerbungslisten

Südasien-Institut der Universität Heidelberg (SAI) - Bibliothek
Im Neuenheimer Feld 330, 6900 Heidelberg, Tel. (06221) 562902

Sammelbereiche:

Südasien und Südostasien; Agrarpolitik; Geographie; Archäologie;
Ethnologie; Geschichte; Kunstgeschichte; Indologie; neuere süd-
asiatische Sprachen; Politische Wissenschaft; Rechtswissenschaft;
Soziologie; Wirtschaftswissenschaften; Religionsgeschichte und
Philosophie

Informationsleistungen:

Ausleihe, Fernleihe; Beschaffung von nachgewiesener Literatur;
Retrosprektive Recherchen

LATEINAMERIKA

Ibero-Amerikanisches Institut Preußischer Kulturbesitz
- Bibliothek, Potsdamer Str. 37, 1000 Berlin 30,
Tel. (030) 2662-520

Sammelbereiche:

Mittel- und Südamerika, Karibik, Spanien, Portugal: alle Fach-
gebiete, vor allem Recht

Informationsleistungen:

Ausleihe, Fernleihe; Bibliographische Auskünfte

Institut für Iberoamerika-Kunde (IIK) im Verbund der Stiftung
Deutsches Übersee-Institut - Informationsstelle
Alsterglacis 8, 2000 Hamburg 36, Tel. (040) 412011

Sammelbereiche:

Länderkunde, vor allem Wirtschaft, Gesellschaft, Politik und
Entwicklungspolitik

Informationsleistungen:

Besucherdienst; Retrospektive Recherchen; Informationsdienste nach
Bedarfsprofilen; Rubrik "Eingegangene Bücher" in der Zeitschrift
"Lateinamerika-Analysen, Daten, Dokumentation", dreimal jährlich

VORDERER ORIENT

**Deutsches Orient-Institut (DOI) im Verbund der Stiftung Deutsches
Übersee-Institut - Bibliothek
Mittelweg 150, 2000 Hamburg 13, Tel. (040) 441481**

Sammelbereiche:

Länderkunde, vor allem Wirtschaft, Gesellschaft, Politik und Entwicklungspolitik

Informationsleistungen:

Retrospektive Recherchen; Bibliographien zu beziehen über:
Übersee-Dokumentation, Referat Vorderer Orient - Schutzgebühr
nach Umfang plus Versandkosten; Nahost-Jahrbuch - Politik und
Wirtschaft (mit separaten Beiträgen über alle Länder der Region)
ca. 250 S., Opladen: Leske und Budrich

**Universitätsbibliothek Tübingen - Orientabteilung
Wilhelmstr. 32, 7400 Tübingen, Tel. (07071) 29-2587**

Sammelbereiche:

Alter Orient - nur klassiche Forschung; Vorderer Orient - einschl.
Islamwissenschaft; Südasien; Tibet vor 1956

Soziologie; Anthropologie und Nebengebiete; Islamwissenschaft;
Arabistik; Hebraistik; Tibetologie; Armenistik; Indologie;
Drawidistik

Informationsleistungen:

Ausleihe, Fernleihe; fachliche Beratung; Beschaffung von nachgewiesener Literatur; Retrospektive Recherchen; Materialzusammen-
stellungen; Neuerwerbungslisten; Zeitschriftenverzeichnis

Loseblattsammlungen

Internationales Handbuch – Länder aktuell
6 Ordner, Ravensburg: Munziger-Archiv, Archiv für publizistische Arbeit

Inhalt:

Kurzinformationen über alle Staaten der Welt: Politik, Wirtschaft, Soziales, Kultur, Landesnatur, Klima, internationale Zusammenschlüsse und Verträge; Übersichtskarten; Zeittafeln; Literaturhinweise; Anschriften diplomatischer Vertretungen in der Bundesrepublik Deutschland sowie Vertretungen der Bundesrepublik Deutschland im Ausland

Handbuch für Internationale Zusammenarbeit (HIZ)
22 Ordner, Hrsg. Vereinigung für internationale Zusammenarbeit (VIZ), Baden-Baden: Nomos Verlagsgesellschaft

Inhalt:

Teil I Länder: Allgemeine länderkundliche Übersicht über alle Entwicklungsländer; Dokumente zur Entwicklungs-, Kultur- und Wissenschaftspolitik des Landes und seiner internationalen Beziehungen; Statistiken, Verträge; Abkommen; Literaturhinweise

Teil II: Internationale Zusammenarbeit der Bundesrepublik Deutschland

Teil III: Supranationale und Multilaterale Zusammenarbeit

Auslandsreisen. Vorbereitung. Durchführung
3 Ordner, Hrsg. Industrie- und Handelskammer Mittlerer Neckar (Stuttgart), Stuttgart: Fink-Kümmerly+Frey

Inhalt:

Teil I Länder (weltweit): diplomatische und konsularische Vertretungen in der Bundesrepublik Deutschland; Impf- und Gesundheitsbestimmungen; Ein- und Durchreise; Devisenbestimmungen; Währung; Reisewege, Fahrtkosten; Klima; Aufenthaltskosten; Zollbestimmungen; Geschäftsreisende; Auskunftsstellen; deutsche Auslandshandelskammern; Vertretungen der Bundesrepublik Deutschland

Teile II - VIII behandeln u.a. das deutsche Paß- und Ausländerrecht sowie deutsche Devisen- und Zollbestimmungen.

Institutionen-Verzeichnisse

Entwicklungsländerbezogene Informationsstellen - Informations-
und Dokumentationsstellen, Bibliotheken, Archive, Fachinformationszentren, Hrsg. Zentrale Dokumentation der DSE, Bonn 1990,
2. Auflage, 112 S.   (DOK 1431 C)

Institutionen der Entwicklungszusammenarbeit - Eine Auswahl,
Hrsg. Zentrale Dokumentation der DSE, Bonn 1988, 2. Auflage,
165 S. (DOK 281)

Dieter Danckwortt: Institutionenverzeichnis für internationale
Zusammenarbeit der Bundesrepublik Deutschland und Berlin (West)
-IVIZ- Baden-Baden: Nomos Verlagsgesellschaft 1989, 2. Auflage,
602 S. DM 59,--

Verzeichnis deutsch-ausländischer Gesellschaften in der Bundesrepublik Deutschland und Berlin (West), Hrsg. Institut für Auslandsbeziehungen (Stuttgart), Baden-Baden: Nomos Verlagsgesellschaft 1986, 325 S. - Neuauflage in Vorbereitung

ANSCHRIFTEN DER AUTOREN

Dr. Frank Bliss
Graurheindorfer Str. 69
5300 Bonn 1

Prof. Dr. Kurt Düwell
Lehrstuhl für Neuere und Neueste Geschichte
Universität Trier
Postfach 3825
5500 Trier

Prof. Dr. Eckart Ehlers
Institut für Wirtschaftsgeographie
Rheinische Friedrich-Wilhelms-Universität Bonn
Meckenheimer Allee 166
5300 Bonn 1

Prof. Dr. Karl Engelhard
Institut für Didaktik der Geographie
Fachbereich 19
Westfälische Wilhelms-Universität Münster
Fliednerstrr. 21
4400 Münster/Westfalen

Antje Göllner
Hauptstr. 282
5530 Königswinter 1

Dr. Hans Hemmersbach
isoplan - Institut für Entwicklungsforschung,
Wirtschafts- und Sozialplanung GmbH
Schlesienring 2
6600 Saarbrücken 3

Dr. Günther Oldenbruch
Zentralstelle für Auslandskunde (ZA)
Lohfelderstr. 160
5340 Bad Honnef

Prof. Dr. Achim Schrader
Hiltruper Str. 93
4400 Münster

Dipl. Soz. Willi Stevens
isoplan - Institut für Entwicklungsforschung,
Wirtschafts- und Sozialplanung GmbH
Schlesienring 2
6600 Saarbrücken 3

Dr. Manfred Werth
isoplan - Institut für Entwicklungsforschung,
Wirtschafts- und Sozialplanung GmbH
Schlesienring 2
6600 Saarbrücken 3

Prof. Dr. Klaus Wolf
Institut für Kulturgeographie
Universität Frankfurt/Main
Senckenberganlage 35
6000 Frankfurt/Main

ssip bulletin (ISSN 0724-3901)

Herausgegeben für den
Sozialwissenschaftlichen Studienkreis für
internationale Probleme (SSIP) e.V.

Edited on behalf of the
Society for the Study of International Problems
von/by
Dr. Dieter Danckwortt und Dr. Manfred Werth

51 Thomas, Alexander (Hg.): **Erforschung interkultureller Beziehungen: For-schungsansätze und Perspektiven.** 1983. 137 S. ISBN 3-88156-241-9.

52 Goetze, Dieter; Weiland, Heribert (Hg.): **Soziokulturelle Implikationen techno-logischer Wandlungsprozesse.** 1983. 154 S. ISBN 3-88156-248-6.

53 Lenz, Ilse; Rott, Renate (Hg.): **Frauenarbeit im Entwicklungsprozeß.** 1984. 351 S. ISBN 3-88156-271-0.

54 Thomas, Alexander (Hg.): **Interkultureller Personenaustausch in Forschung und Praxis.** 1984. 274 S. ISBN 3-88156-272-9.

55 Wulf, Christoph in Zusammenarbeit mit Schöfthaler, Traugott (Hg.): **Im Schatten des Fortschritts. Gemeinsame Probleme im Bildungsbereich in Industrie-nationen und Ländern der Dritten Welt.** 1985. 241 S. ISBN 3-88156-300-8.

56 Thomas, Alexander (Hg.): **Interkultureller Austausch als interkulturelles Handeln.** Theoretische Grundlagen der Austauschforschung. 1985. 221 S. ISBN 3-88156-313-X.

57 Breitenbach/Düwell/Werth (Hg.): **Kontinuität und Fortschritt.** Dieter Danck-wortt zum 60. Geburtstag. 1986. VI, 274 S. ISBN 3-88156-354-7.

58 Thomas, Alexander (Hg.): **Interkulturelles Lernen im Schüleraustausch.** 1988. 318 S. ISBN 3-88156-398-9.

59 Ehlers, Eckart; Werth, Manfred (Hg.): **Länderkunde als wissenschaftliche Aufgabe.** 1990. 159 S. ISBN 3-88156-484-5.

Verlag **breitenbach** Publishers
Memeler Straße 50, D-6600 Saarbrücken, Germany
P.O.B., 16243 Fort Lauderdale, Fla. 33318-6243, USA